essentials

essentials liefern aktuelles Wissen in konzentrierter Form. Die Essenz dessen, worauf es als „State-of-the-Art" in der gegenwärtigen Fachdiskussion oder in der Praxis ankommt. *essentials* informieren schnell, unkompliziert und verständlich

- als Einführung in ein aktuelles Thema aus Ihrem Fachgebiet
- als Einstieg in ein für Sie noch unbekanntes Themenfeld
- als Einblick, um zum Thema mitreden zu können

Die Bücher in elektronischer und gedruckter Form bringen das Expertenwissen von Springer-Fachautoren kompakt zur Darstellung. Sie sind besonders für die Nutzung als eBook auf Tablet-PCs, eBook-Readern und Smartphones geeignet. *essentials:* Wissensbausteine aus den Wirtschafts-, Sozial- und Geisteswissenschaften, aus Technik und Naturwissenschaften sowie aus Medizin, Psychologie und Gesundheitsberufen. Von renommierten Autoren aller Springer-Verlagsmarken.

Weitere Bände in dieser Reihe http://www.springer.com/series/13088

Wolfgang Marotzke

Risikobeteiligung und Verantwortung als notwendige Machtkorrektive

Nachdenkliches zum Gesellschaftsrecht sowie zu Banken- und Umweltkrisen

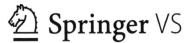 Springer VS

Wolfgang Marotzke
Juristische Fakultät
Eberhard Karls Universität Tübingen
Tübingen, Deutschland

ISSN 2197-6708   ISSN 2197-6716   (electronic)
essentials
ISBN 978-3-658-16697-7   ISBN 978-3-658-16698-4   (eBook)
DOI 10.1007/978-3-658-16698-4

Die Deutsche Nationalbibliothek verzeichnet diese Publikation in der Deutschen Nationalbiblio-
grafie; detaillierte bibliografische Daten sind im Internet über http://dnb.d-nb.de abrufbar.

Springer VS
© Springer Fachmedien Wiesbaden GmbH 2017

Gedruckt auf säurefreiem und chlorfrei gebleichtem Papier

Springer VS ist Teil von Springer Nature
Die eingetragene Gesellschaft ist Springer Fachmedien Wiesbaden GmbH
Die Anschrift der Gesellschaft ist: Abraham-Lincoln-Str. 46, 65189 Wiesbaden, Germany

Was Sie in diesem *essential* finden können

- Denkanstöße zum Thema gesellschaftliche Verantwortung
- Die Beschreibung einiger wichtiger Ursachen von Banken- und Finanzmarktkrisen
- Eine Auseinandersetzung mit Schlüsselfragen eines globalen Um- und Nachweltschutzes

Vorwort

Die vorliegende Schrift beruht auf einer öffentlichen Abschiedsvorlesung, die ich am 8. Juli 2016 vor der juristischen Fakultät der Universität Tübingen gehalten habe. Das dort präsentierte und sich in der ausführlicheren Publikationsfassung fortsetzende Thema reicht weit über die von mir bisher in Forschung und Lehre betreuten Fachgebiete hinaus. Ausgerechnet die jenseits meiner fachlichen Zuständigkeit liegenden Aspekte, nämlich die Problemfelder „Banken und Finanzmarktkrisen" (Kap. 3) und „globaler Um- und Nachweltschutz" (Kap. 4), haben mich bereits seit Jahren bewegt. Sie mussten endlich einmal mit Verve angegangen werden. Eine öffentliche Abschiedsvorlesung, die nicht nur in persönlicher, sondern auch in thematischer Hinsicht einen Übergang von Bisherigem zu Neuem markieren darf, schien mir dafür nicht die schlechteste Gelegenheit zu sein. Sie erwies sich sogar als eine sehr gute.

Wie die Abschiedsvorlesung wendet sich auch die hiermit vorgelegte Publikationsfassung nicht nur an Juristen, sondern an alle, die sich durch den Titel angesprochen fühlen. Wer sich in erster Linie für die Entstehung und die gesellschaftlichen Folgen von Banken- und Finanzmarktkrisen oder für den Schutz der natürlichen Lebensgrundlagen geografisch weit entfernter gegenwärtiger und zeitlich weit entfernter künftiger Menschen interessiert, kann den gesellschaftsrechtlichen Teil (Kap. 2), sollte dieser als zu juristisch empfunden werden, getrost überspringen. Juristisch interessierte Leser, insbesondere Wirtschaftsjuristen und Insolvenzverwalter, werden sich möglicherweise gerade für den gesellschaftsrechtlichen Teil besonders interessieren. Schön wäre es, wenn sie die Lektüre danach nicht abbrechen, sondern sich auch den im Anschluss behandelten Themen zuwenden würden. Denn diese sind die mit Abstand wichtigsten.

Das Buch enthält einen sehr umfangreichen Fußnotenapparat. Dies war erforderlich, um trotz der Komplexität der Materie einen flüssig lesbaren Haupttext schreiben und wichtige Zusatzinformationen argumentationsnah außerhalb desselben präsentieren zu können. Einige Fußnoten verdanken ihre Existenz zugleich dem Umstand, dass im Zusammenhang mit den in Kap. 3 und 4 behandelten Fragen mehrere nicht ganz einfache Sachverhaltsrecherchen nötig waren. Des Öfteren musste ich dabei nicht nur mit anerkannten Printmedien, sondern auch mit Internet-Suchmaschinen und Internet-Lexika arbeiten. Einige der eingegebenen Suchbegriffe konnte ich aus meiner Erinnerung an Ereignisse schöpfen, die viele Jahre zurückliegen, mir aber als besonders brisant dauerhaft im Gedächtnis geblieben sind. Online abrufbare Publikationen, einschließlich des Internet-Lexikons Wikipedia, waren wertvolle Hilfsmittel, um die Richtigkeit meiner Erinnerungen zu überprüfen und Informationen über weitere einschlägige, oftmals ebenfalls online abrufbare Quellen zu erhalten. Auch bei der Recherche tagesaktueller Entwicklungen erwiesen sich Internet-Fundstellen als wichtige Erkenntnisquellen. Natürlich ist bei der Nutzung derartiger Quellen stets zu bedenken, dass Internetmedien leichter als Printmedien zum Zwecke zielgerichteter Tatsachenverdrehung gekapert werden können. Ganz besonders bei der Internetrecherche, aber nicht nur dort, habe ich mich deshalb bemüht, nicht nur eine, sondern mehrere Quellen zu befragen und, sollte die Gefahr interessengeleiteter Darstellung nicht von der Hand zu weisen sein, Informationen aus allen Lagern zu erhalten. Der Umfang des Fußnotenapparats und der in den Text eingefügten Belegstellen ist insofern ein Spiegel der diesem Buch vorausgegangenen, intensiven Tatsachenrecherche. Die Quellenangaben machen die Recherche überprüfbar und schaffen so eine wesentliche Voraussetzung für die seriöse wissenschaftliche und hoffentlich auch politische Diskussion der auf den recherchierten Tatsachen beruhenden Gedanken und Thesen.

Tübingen, Deutschland   Wolfgang Marotzke
im November 2016

Inhaltsverzeichnis

Einführung 1

Es gehört zu den Grunderfahrungen des Rechts- und Wirtschaftslebens und wohl auch der praktischen Politik, dass eine Herrschafts- und Gestaltungsmacht, deren Ausübung für ihren Inhaber nahezu risikolos ist, aber für andere Personen erhebliches Schädigungspotenzial birgt, aufgrund der durch sie gesetzten Verhaltensanreize hochproblematisch, ja sogar gemeingefährlich sein kann. Als vorzugswürdig wird deshalb, außer vielleicht von den Akteuren selbst, ein Gleichlauf von Herrschaft und Risikotragung bzw. von Herrschaft und Haftung angesehen.[1] Wer über erhebliche Herrschafts- oder Einflussmöglichkeiten verfügt, sollte, so der Gedanke, für schädliche Folgen seines Handelns auch persönlich einstehen müssen, sei es, indem er geschädigten Dritten zum Ersatz verpflichtet ist oder sei es, indem er, beispielsweise bei der Entscheidung über das Schicksal eines Unternehmens (Marotzke W 2014, S. 125 ff., 134 ff., 142 ff.) oder bei überwiegend mit Fremdkapital finanzierten Investitionen in risikobehaftete Finanzprodukte (vgl. Kap. 3), auch selbst einen angemessenen Teil des Risikos zu tragen hat. Risikobeteiligung und Haftung erscheinen in diesem Zusammenhang als notwendige oder zumindest wünschenswerte „Machtkorrektive" (Nitschke M 1970, S. 242 ff., 259 ff., 271 ff., 406)[2] oder, anders gewendet, als segensreiche Attribute guter Machtkonstellatio-

---

[1]Müller-Erzbach (1933); Müller-Erzbach (1955, S. 342 f.); Admati A, Hellwig M (2014, S. 230, 333 ff., 347); mit knappen Andeutungen in dieselbe Richtung weisend Engert A (2016, S. 413, 420); Kainer F (2016, S. 434, 445). Weitere Belegstellen in den nachfolgenden Fn.

[2]Vgl. auch die vor dem Hintergrund der Finanzmarktkrise und der staatlichen Bankenrettung (Kap. 3) formulierte Bemerkung von Droege M (2009, S. 1420), dass ein Gesetzgeber, der „den Konnex zwischen Freiheit, Verantwortung und Haftung (des Eigentümers) durch Sozialisierung der Risiken" löse, Gefahr laufe, „Leichtsinn und Verantwortungslosigkeit zu belohnen".

© Springer Fachmedien Wiesbaden GmbH 2017
W. Marotzke, *Risikobeteiligung und Verantwortung als notwendige Machtkorrektive*, essentials, DOI 10.1007/978-3-658-16698-4_1

nen.[3] Manches spricht dafür, dem Gleichlauf von Herrschaft und Risikotragung (bzw. Haftung) wegen seines funktionellen Zusammenhangs mit dem ethischen Postulat des *neminem laedere*[4] nicht nur eine rechtstheoretische, sondern, zumindest im Sinne eines Anspruchs auf angemessene Berücksichtigung in rechtspolitischen Abwägungsprozessen,[5] auch eine rechtsethische[6] Komponente zuzuerkennen.[7] Das geltende Recht lässt es zwar zu, dass die Akteure des Wirt-

[3]Mit einer Ausnahme, die in Wirklichkeit jedoch eine scheinbare ist (weil der Gleichlauf von Entscheidungsmacht und Haftung dort nicht *alle* potenziell Betroffenen einbezieht), befasst sich dieses essential in Kap. 4 Abschn. 4.2: In einer Demokratie sind die Regierenden auf die Stimmen der Wähler angewiesen. Wähler sind in der Masse leichter mit Steuergeschenken und anderen gegenwartsbezogenen Wohltaten als mit kostspieligen Zukunftsthemen zu gewinnen. Sieht man im Entzug der Wählergunst eine besondere Form der „Haftung" für Entscheidungen, die bei den gegenwärtig Wahlberechtigten nicht mehrheitsfähig sind, könnte man in diesem Punkt zwar durchaus von einem „Gleichlauf" von Entscheidungsmacht und Haftung sprechen. Aus Sicht *künftiger* Menschengenerationen, von denen die heute Regierenden weder jetzt noch in Zukunft „abgestraft" werden können, wäre solch ein Gleichlauf aber nicht unbedingt ein „segensreicher" im Sinne des soeben Ausgeführten. Damit stellt sich die kürzlich sogar zu einem Buchtitel (Gesang B (Hrsg.) 2014a) erhobene Frage, ob Demokratie überhaupt Nachhaltigkeit „kann" (auch dazu unten Kap. 4).

[4]Diese lateinische Wendung bezeichnet das grundsätzliche Verbot, andere zu verletzen. Nicht nur eine ethische, sondern sogar eine „apriorische" Geltung dieses Prinzips behauptet Isensee J (2011) § 191 Rn. 232 (S. 523): „Das Gebot des *neminem laedere* ist ein apriorisches, formales Prinzip der Gerechtigkeit. Als solches bedarf es seinerseits nicht der Begründung …". Um eine rechts*theologische* Begründung bemüht sich Wolf E (1957, S. 43, 49 f.) (ausführliche Fassung: Wolf E 1966). Zu den *geschichtlichen* Wurzeln dieses Grundsatzes und seinen Ausprägungen im gegenwärtigen Recht vgl. Schiemann G (1989).

[5]Die hier erwogene Relativierung trifft sich mit der – im Übrigen allerdings nur teilweise berechtigten (vgl. Immenga U 1970, S. 121 ff.) – Kritik von Limbach J (1966, S. 107 ff.), soweit diese sich gegen einen „Absolutheitsanspruch" (Limbach J 1966, S. 120) des oben genannten Postulats richtet; vgl. auch Grigoleit H (2006, S. 18 ff., 457 ff.)

[6]Die Berufung auf *ethische* Grundlagen findet sich bereits in dem vor mehr als 80 Jahren geschriebenen Aufsatz von Müller-Erzbach R (1933), bei Immenga U (1970, S. 117 ff., 120, 122) und bei Westermann H P (2014, S. 689, 701) (der als „wirtschaftsethisch fundiert" zwar nicht das Prinzip des Gleichlaufs von Herrschaft und persönlicher Risikotragung, aber doch immerhin die Feststellung ansieht, „dass die an entscheidender Stelle Wirtschaftenden Verantwortung, und zwar Eigen- und Fremdverantwortung übernehmen sollen, was zur Notwendigkeit rechtlicher Sanktionen bei ihrem Versagen" führe).

[7]Vgl. die in der vorherigen Fn. Genannten. Ob man dem folgen möchte, ist nicht zuletzt eine Frage des zugrunde gelegten Ethikbegriffs und der sich wandelnden Wertvorstellungen. Eine Ethik entsteht nicht aus dem Nichts, sondern findet ihren Geltungsgrund in allgemeiner Akzeptanz. Auf diesen Aspekt zielt wohl auch die Bemerkung, dass es im Streit um den Gleichlauf von Herrschaft und Haftung eine Zeit lang „fast nur noch Gläubige und Heiden" gegeben habe (vgl. Wiedemann H 1968, S. 49) bzw. dass der „Größe des Anliegens" die Neigung entspreche, „es mit Glaubensbekenntnissen durchzusetzen" (Westermann H P 1970, S. 273).

schaftslebens ihr Risiko durch Zwischenschaltung juristischer Personen wie beispielsweise einer GmbH oder einer haftungsbeschränkten Unternehmergesellschaft
auf einen bestimmten, u. U. allerdings nur symbolischen[8] Geldbetrag beschränken,
jedoch verlangt es dafür in aller Regel ein gewisses Mindestmaß an klarstellender
Publizität. Auch ist ihm eine Herrschaft ohne *jedes* Haftungsrisiko grundsätzlich
suspekt.[9] In der Realität lassen sich gleichwohl erhebliche Asymmetrien zwischen
Herrschaft und persönlicher Risikotragung beobachten (Luhmann N 1991,
S. 111 ff.). Man findet dergleichen nicht nur bei den für die vorläufig letzte große
Finanzmarktkrise verantwortlichen Akteuren der Finanzwelt (Kap. 3), sondern
auch im Gesellschaftsrecht (Kap. 2), im Zusammenhang mit um- und nachweltrele-
vanten Entscheidungen in Politik und Realwirtschaft (Kap. 4) sowie im Zusammenhang mit Fragen der Generationengerechtigkeit.[10] Eine wahre Fundgrube für
Asymmetrien zwischen Herrschaft und Risikotragung ist auch das deutsche Insolvenzverfahrensrecht, dazu wurde das Erforderliche bereits andernorts gesagt.[11]

Aus sprachökonomischen Gründen wird der Begriff „Risikobeteiligung" nachfolgend in einem weiten Sinne verwendet: Er bezeichnet nicht nur den Fall, dass der
Handelnde neben fremden auch eigene Rechtsgüter aufs Spiel setzt oder dass er aufgrund einer verschuldensunabhängigen Haftungsnorm (beispielsweise § 128 HGB
oder atomrechtlicher und sonstiger Gefährdungshaftung)[12] auf Schadensersatz in

---

[8]Letzteres gilt insbesondere bei Zwischenschaltung einer sog. „Unternehmergesellschaft"
(vgl. § 5a Abs. 1 GmbHG).

[9]Dies gilt insbesondere dann, wenn die Interessen von Personen berührt werden, die mit
dem wirkmächtigeren Akteur nicht sehenden Auges und freiwillig, sondern ohne eigenes
Zutun in Kontakt gekommen sind.

[10]Zum Thema „Generationengerechtigkeit" vgl. die Hinweise auf der Homepage der „Stiftung für die Rechte künftiger Generationen" (www.generationengerechtigkeit.de/index.
php?option=com_content&task=view&id=49&Itemid=74) und das von dieser Stiftung
herausgegebene Handbuch Generationengerechtigkeit (2013).

[11]Vgl. Marotzke W (2014) (zu einigen Pervertierungen der sogenannten Gläubigerautono-
mie) und Marotzke W (2015 ZInsO) (satirische Kritik der §§ 14 Abs. 1 Satz 2 und Abs. 3,
26a InsO, 23 Abs. 1 Satz 4 GKG und eines diesbezüglichen Gesetzentwurfs der Bundesregierung; dazu auch Laroche P 2015).

[12]Zur Gefährdungshaftung vgl. §§ 1 ff. HaftPflG, §§ 33 ff., 44 ff., 53 f. LuftVG, §§ 84 ff.
AMG, §§ 89 f. WHG, §§ 1 ff. UmweltHG, §§ 25 ff. AtomG, §§ 32 ff. GentechnikG,
§§ 7 ff. StVG, § 833 BGB sowie die überblicksartigen Darstellungen bei Brox H, Walker
W D (2015) § 54 (S. 625 ff.); Kötz H, Wagner G (2013) Rn. 31, 491 ff. (mit rechtspoliti-
scher und ökonomischer Begründung bei Rn. 498 ff.), 515 ff., 541 ff.; Medicus D, Lorenz S
(2014) §§ 152 ff. (S. 500 ff.).

Anspruch genommen werden kann, sondern auch eine Haftung wegen schuldhaften Fehlverhaltens.[13] Dieses weite Begriffsverständnis voraussetzend, möchte der vorliegende Beitrag einige Symmetrien, aber auch gravierende Asymmetrien von Herrschaft und Risikobeteiligung näher untersuchen und vor dem Hintergrund einer Folgenabschätzung bewerten. Dies geschieht nicht nur abstrakt im luftleeren Raum, sondern anhand von Beispielen aus der Lebenswirklichkeit. Die Reihe der Beispiele beginnt mit einigen bekannten gesellschaftsrechtlichen Fragestellungen (Kap. 2), befasst sich sodann mit risikobehafteten Geschäftsmodellen von Banken und Geldmarktfonds (Kap. 3) und im Anschluss mit den erheblichen Umweltrisiken, die man heute sehenden Auges nicht nur den aktuellen Bewohnern ferner Kontinente (Kap. 4 Abschn. 4.1), sondern auch künftigen Generationen der eigenen Nachkommenschaft aufbürdet (Kap. 4 Abschn. 4.2). Spätestens im Zusammenhang mit dem letztgenannten Thema, bei dem die Suche nach einer Risikobeteiligung oder sonstigen Selbstbetroffenheit der hier und heute handelnden Personen naturgemäß auf Schwierigkeiten stößt, wird auch die verhaltenssteuernde Kraft zukunftsethischer Gebote und religiös geprägter Wertvorstellungen und Erwartungshaltungen in den Blick genommen werden müssen, wobei ich diese beiden Kategorien als prinzipiell gleichwertig behandeln, also keinesfalls einem Vorrang des Religiösen das Wort reden möchte. Verzichtet wurde auf eine Erörterung der thematisch ebenfalls einschlägigen Probleme einer die Gestaltungsspielräume künftiger Generationen massiv beschränkenden Staatsverschuldung,[14] der generationengerechten Gestaltung der finanziellen Alterssicherung[15] und einiger anderer folgenschwerer Asymmetrien von Gestaltungsmacht und Risikobeteiligung.

---

[13]Mit ähnlicher begrifflicher Großzügigkeit meint Nitschke M (1970, S. 259 Fn. 18a), es bestehe sehr wohl eine Korrelation von Herrschaft und „Verantwortung", die bei den handelsrechtlichen Personengesellschaften ein Gleichlauf von Herrschaft und „Haftung" sei.

[14]Dazu Becker A (2003, S. 243 ff.); Lux-Wesener C (2003, S. 405 ff.); Sinn H W (2012).

[15]Bei den beiden letztgenannten Themen wird das Postulat der Generationengerechtigkeit nicht selten den aktuellen persönlichen Eigeninteressen der Akteure (insbesondere ihre Wiederwahl nicht gefährden wollender Politiker) und letztlich ohne nennenswerte Risikobeteiligung der Entscheidungsträger geopfert.

Herrschaft und Risiko im Gesellschaftsrecht

2.1 Allgemein

Ausführlich diskutiert wurde die Geltung eines allgemeinen Prinzips des Inhalts, dass jede Herrschaftsmacht durch eine entsprechende persönliche Haftung begleitet werden müsse, insbesondere im gesellschaftsrechtlichen Schrifttum.[1] Im Fokus dieser Diskussion standen anfänglich meist die Herrschafts- und Haftungsverhältnisse in einer atypisch verfassten Kommanditgesellschaft, in einer atypisch verfassten stillen Gesellschaft sowie bei der Einmann-GmbH und der Einmann-AG.[2]

Zur erstgenannten Gesellschaftsform führt das 1952 erschienene Lehrbuch von Haupt/Reinhardt Folgendes aus:[3]

Bei der Kommanditgesellschaft sei die unbeschränkte Haftung der Komplementäre Ausdruck des wirtschaftsverfassungsrechtlichen Prinzips, dass der

---

[1]Zu nennen sind insbesondere die tiefschürfenden und mit dem erwähnten Grundsatz sympathisierenden Arbeiten von Müller-Erzbach (1933, S. 299, 342 f.); Müller-Erzbach R (1955, S. 299, 342 f.) und Meyer J (2000, S. 83, 119, 161, 166 f., 170 f., 305, 427 ff., 484 ff., 556, 574, 795 ff., 822, 955 f., 958 f., 988 ff., 992 ff., 1009 f., 1014, 1017 ff., 1022 f., 1115 ff.) (dieser mit dem Vorschlag eines neuen § 93a InsO). Interessant auch die sich auf §§ 39 Abs. 1 Nr. 5, 135 Abs. 1 InsO beziehenden Ausführungen von Bitter G, Laspeyres A (2013, S. 2292 ff.) (dazu unten Abschn. 2.2).

[2]Vgl. zur atypischen Kommanditgesellschaft Haupt G, Reinhardt R (1952, S. 79), zur Haftung des „Stillen" einer atypischen stillen Gesellschaft Paulick H (1959, S. 101 ff.) sowie zu Einmann-Kapitalgesellschaften Müller-Erzbach (1955, S. 299, 342 f.)

[3]Haupt G, Reinhardt R (1952, S. 79) – dort ohne die im Folgenden vorgenommenen Kursivsetzungen.

© Springer Fachmedien Wiesbaden GmbH 2017
W. Marotzke, *Risikobeteiligung und Verantwortung als notwendige Machtkorrektive*, essentials, DOI 10.1007/978-3-658-16698-4_2

leitende Unternehmer voll für den geschäftlichen Erfolg seiner Betätigung im Wirtschaftsverkehr einstehen solle. Das Gesetz belaste die Komplementäre mit der unbeschränkten Haftung nach §§ 128, 161 Abs. 2 HGB, *weil sie diese leitende Stellung in der KG wahrnähmen.* Daraus folge, dass „dann, wenn im Gegensatz zu der gesetzlich vorausgesetzten Verteilung der Funktionen die *Kommanditisten* in Wirklichkeit die Führung des Unternehmens in die Hand nehmen, sie auch die Konsequenz der unbeschränkten Haftung tragen müssen". Ihre „Tarnung als Kommanditisten" stelle einen Missbrauch der Gesellschaftsform dar und könne ihnen „wegen des darin liegenden Verstoßes gegen einen zwingenden wirtschaftsverfassungsrechtlichen Grundsatz nicht zugute kommen".

Ähnliche Thesen finden sich im Schrifttum sowohl in Bezug auf die atypisch verfasste stille Gesellschaft[4] als auch in Bezug auf die Einmann-GmbH und die Einmann-AG[5].

Der Bundesgerichtshof (BGH) hat sich diese Sichtweisen nicht zu eigen gemacht, sondern ist ihnen mit Urteil vom 17. 03. 1966 entschieden entgegengetreten. Zwar erkennt in diesem Urteil[6] auch der Bundesgerichtshof an, dass das Gesetz „in seiner dispositiven Regelung" der Personengesellschaften sowie der stillen Gesellschaft von dem Grundsatz ausgehe, dass Unternehmensleitung und persönliche Haftung „in einem inneren und unmittelbaren Zusammenhang zueinander" stehen. Unter ausdrücklicher Zurückweisung der weitergehenden Thesen von Haupt/Reinhardt und Paulick[7] stellt das Urteil des Bundesgerichtshofs dann jedoch klar, dass es sich dabei nicht um ein *zwingendes* gesetzliches oder sogar wirtschaftsverfassungsrechtliches Prinzip handle, das bei einer atypischen Verteilung der gesellschaftsinternen Machtverhältnisse unausweichlich auch zu einer atypischen Zuweisung der persönlichen Haftung führe.[8] Die um einen Gleichlauf von Herrschaft und Haftung bemühten Vorschriften des Gesellschaftsrechts seien für abweichende Gestaltungen offen.

Von der gesellschaftsrechtlichen Praxis und mehrheitlich auch in der Literatur wird dieses Machtwort des höchsten deutschen Zivilgerichts als im Ergebnis

---

[4]Paulick H (1959, S. 101 ff.); vorsichtig zurückrudernd jedoch Paulick H, Blaurock U (1988 § 9 II, S. 132 ff.)

[5]Müller-Erzbach (1955): Da „notwendig die Haftung der Herrschaft entsprechen" müsse (S. 342), hafte der Gesellschafter einer Einmann-GmbH oder einer Einmann-AG unbeschränkt für deren Verbindlichkeiten (S. 343).

[6]BGH, Urt. v. 17.3.1966 – II ZR 282/63, BGHZ 45, 204, 205 f. = NJW 1955, 1309 f.

[7]Haupt G, Reinhardt R (1952, S. 79); Paulick H (1959, S. 101 ff.)

[8]BGH, Urt. v. 17.3.1966 – II ZR 282/63, BGHZ 45, 204, 205 f. = NJW 1955, 1309 f. (Kursivsetzung des Wortes „zwingenden" nicht im Original).

zutreffende Auslegung des geltenden Rechts akzeptiert[9] und mit einer teils still-schweigenden oder konkludenten, teils aber auch ausdrücklichen Ablehnung gegenläufiger Schlussfolgerungen aus §§ 302, 309 AktG verknüpft (Westermann H P 1970 S. 276 f.).

2.2 Darlehensverhältnisse

In lebhaftem Kontrast zu dem soeben skizzierten Meinungstand stehen einige neuere Publikationen und Gerichtsentscheidungen, die dem Gedanken, dass mit einer besonderen Machtposition tunlichst auch ein besonderes Verlustrisiko ein-hergehen sollte, ausgerechnet im Zusammenhang mit dem Gesellschaftsrecht, allerdings eingebettet in die Insolvenzordnung (InsO),[10] einen unverhofften dog-matischen Höhenflug beschert haben.

Angesprochen ist eine Problematik, die noch vor einigen Jahren als das Recht der eigenkapitalersetzenden Gesellschafterdarlehen bezeichnet wurde, bei deren Lösung man jedoch heute ohne das bis dahin tonangebende Adjektiv „kapitaler-setzend" auskommen muss, da der Gesetzgeber das Wort „kapitalersetzend" mit Wirkung ab 1.11.2008 aus den ansonsten einschlägigen §§ 39 Abs. 1 Nr. 5, 135 InsO entfernt hat. Nach der heute maßgeblichen Fassung der Vorschriften, die auf Art. 9 Nr. 5 und 8 des Gesetzes zur Modernisierung des GmbH-Rechts und zur Bekämpfung von Missbräuchen (MoMiG)[11] beruht, ist nicht nur ein eigenkapita-lersetzendes, sondern jedes[12] Gesellschafterdarlehen insolvenzrechtlich subordi-niert. Voraussetzung ist lediglich, dass (1.) es sich bei der darlehensnehmenden Gesellschaft um eine GmbH, eine Aktiengesellschaft oder ein sonstiges Gebilde

---

[9]Vgl. etwa Immenga U (1970, S. 120 f.); Westermann H P (1970, S. 262 („Wir bekennen uns also im Ergebnis zu der Lösung, die offen Herrschaft im Verband und Haftung für Gesellschaftsverbindlichkeiten trennt."), 266 ff., 273 ff., 324 ff.); Jung P (2002, S. 342 ff.); dem BGH widersprechend jedoch Nitschke M (1970, S. 259 ff.)

[10]Die Gründe für die Wahl der InsO als Regelungsort (§§ 39 Abs. 1 Nr. 5, 135 InsO) und auch für die „rechtsformneutrale" Formulierung des von § 39 Abs. 1 Nr. 5 InsO und § 135 Abs. 4 InsO in Bezug genommenen § 39 Abs. 4 InsO liegen primär im *internationalen* Recht. Sie sind Ausdruck des Wunsches, aufgrund dieser Regelungstechnik auch Mitglie-der von *Auslandsgesellschaften* erfassen zu können (vgl. dazu Kleindiek D 2016 Rn. 53 zu § 39 InsO).

[11]BGBl. I S. 2026, verkündet am 28.10.2008, in Kraft seit 1.11.2008.

[12]So ausdrücklich die Einzelbegründung zu RegE-MoMiG Art. 9 Nr. 5, BT-Drs. 16/6140, S. 56: Auf das Merkmal „kapitalersetzend" werde verzichtet. „Jedes" Gesellschafterdarle-hen sei bei Eintritt der Insolvenz nachrangig.

handelt, bei dem keine natürliche Person (kein Mensch) unmittelbar oder mittelbar die Rolle eines persönlich haftenden Gesellschafters innehat,[13] (2.) der darlehensgebende Gesellschafter zugleich Geschäftsführer der Gesellschaft oder jedenfalls Inhaber einer mehr als 10 % betragenden Beteiligung am Haftkapital der Gesellschaft ist,[14] und (3.) die Voraussetzungen des Sanierungsprivilegs[15] nach Lage des Falles nicht erfüllt sind.

In solch einem Fall kann der Gesellschafter, wenn über das Vermögen der Gesellschaft das Insolvenzverfahren eröffnet wurde, seinen Anspruch auf Rückzahlung des Darlehens nicht wie beim normalen Bankdarlehen als normale Insolvenzforderung (§ 38 InsO), sondern nur als nachrangige Insolvenzforderung geltend machen (§ 39 Abs. 1 Nr. 5 InsO), was im Ergebnis fast immer darauf hinausläuft, dass der Rückforderungsanspruch des Gesellschafters in der Insolvenz der Gesellschaft nicht wenigstens anteilig, sondern überhaupt nicht bedient wird.

Auch anfechtungsrechtlich (§§ 129 ff. InsO) wird ein Darlehen, das der Gesellschaft unter den genannten Voraussetzungen von einem Gesellschafter gewährt wurde, erheblich schlechter behandelt als ein normales Bankdarlehen: Eine innerhalb des letzten Jahres vor dem insolvenzrechtlichen Eröffnungsantrag oder nach diesem Antrag bewirkte Darlehensrückzahlung an den Gesellschafter unterliegt gem. § 135 Abs. 1 Nr. 2 InsO ohne weiteres (!) der Anfechtung durch den Insolvenzverwalter mit der Konsequenz, dass der Gesellschafter die innerhalb des genannten Zeitraums zurückempfangene Darlehensvaluta wieder einzahlen muss (§ 143 Abs. 1 InsO), sie also im Ergebnis so gut wie immer endgültig verliert. Dies gilt nach einer verbreiteten und möglicherweise sogar „herrschenden" Meinung selbst dann, wenn der Gesellschafter sich unmittelbar vor der Darlehenshingabe eine Grundschuld an einem der Gesellschaft gehörenden Grundstück einräumen ließ und sich nun auf dieses dingliche Sicherungsrecht beruft.[16] Denn nach § 135 Abs. 1 Nr. 1 InsO kann der Insolvenzverwalter auch diese Grundschuldbestellung ohne weiteres anfechten. Voraussetzung ist nach dem Gesetzeswortlaut lediglich, dass die Grundschuldbestellung nicht früher als zehn Jahre vor dem insolvenzrechtlichen Eröffnungsantrag erfolgte. Folgt man dem, so steht

---

[13]Vgl. §§ 39 Abs. 4 Satz 1, 135 Abs. 4 InsO.

[14]Vgl. §§ 39 Abs. 5, 135 Abs. 4 InsO.

[15]Vgl. §§ 39 Abs. 4 Satz 2, 135 Abs. 4 InsO.

[16]Nach Auffassung des Autors kommt der darlehensgebende Gesellschafter in solchen Fällen freilich in den Genuss des in § 142 InsO geregelten Bargeschäftsprivilegs (Marotzke W 2013, S. 641, 642 f., 644 f., 650 ff., 658 f.; Marotzke W 2015 DB, S. 2495 ff.; vgl. auch Bitter G 2013, S. 1999; a. M. Altmeppen H 2013, S. 1749).

man vor einer das allgemeine Kreditsicherungsrecht in einer Weise aushöhlenden Diskriminierung darlehensgebender Gesellschafter, die sich eine darlehensgebende Bank, die nicht als Gesellschafter an der Darlehensnehmerin beteiligt ist, bei im Übrigen identischer Sachlage nicht gefallen lassen muss.[17]

Diese Schlechterstellung darlehensgebender Gesellschafter im Vergleich zu darlehensgebenden Banken bedarf eines rechtfertigenden Grundes. Solange die §§ 39 Abs. 1 Nr. 5, 135 InsO noch das Tatbestandsmerkmal „kapitalersetzend" enthielten, konnte man einen tragfähigen Rechtfertigungsgrund darin sehen, dass der Gesellschafter das Darlehen während einer die Erlangung eines normalen Bankdarlehens ausschließenden und deshalb eigentlich eine Kapitalerhöhung erfordernden wirtschaftlichen Krise der Gesellschaft hingegeben oder stehen gelassen hatte.[18] Dieser Argumentation wurde jedoch durch die ersatzlose Streichung der Tatbestandsvoraussetzung „kapitalersetzend" die gesetzliche Grundlage entzogen.[19] Eine substanzielle Aussage dazu, welcher Grund die Benachteiligung darlehensgebender Gesellschafter im Vergleich zu darlehensgebenden Banken nach neuem Recht legitimieren soll, sucht man in den Gesetzesmaterialien vergeblich.[20] Es überrascht deshalb nicht, dass sich methodenbewusste Rechtswissenschaftler und in der Folge auch der Bundesgerichtshof mehr oder weniger eigenständig um die Entwicklung tragfähiger Rechtfertigungsmodelle bemüht haben und noch immer bemühen.[21]

Im Schrifttum haben gegenwärtig zwei Hauptströmungen die Nase vorn: Einige Autoren sehen den tragenden Grund für die Schlechterstellung des darlehensgebenden Gesellschafters darin, dass dieser für die Verbindlichkeiten der darlehensnehmenden Gesellschaft (z. B. einer GmbH) nicht persönlich hafte, einer darüber hinaus gehenden „inhaltlichen" Begründung soll es angeblich nicht bedürfen.[22] Diese Argumentation greift jedoch zu kurz. Denn wie ein Gesellschafter haftet auch eine darlehensgebende Bank nicht für die Schulden ihrer Darlehensnehmerin, und dennoch behandelt das Gesetz sie in der Insolvenz der Gesellschaft wesentlich besser als einen darlehensgebenden Gesellschafter.

---

[17]U. U. jedoch Möglichkeit der Analogie (vgl. dazu weiter unten).

[18]Kurzzusammenfassung in BGH, Urt. v. 18.7.2013 – IX ZR 219/11, ZInsO 2013, 1573, 1576 f. (Rn. 28) m. w. N.

[19]Insoweit zutr. Habersack M (2008, S. 2387 m. w. N. in Fn. 25).

[20]Darstellung und Analyse der Gesetzesmaterialien bei Marotzke W (2010, S. 592, 598 f.)

[21]Darstellung und Kritik der verschiedenen Versuche einer Rechtfertigung der §§ 39 Abs. 1 Nr. 5, 135 Abs. 1 InsO bei Marotzke W (2016, S. 19, 24 ff.)

[22]Vgl. Habersack M (2014) Rn. 21 des Anhangs zu § 30 GmbHG.

Diesem Einwand entgehen diejenigen Rechtfertigungsversuche, die nicht isoliert auf die dem Gesellschafter in den hier interessierenden Fällen (§§ 39 Abs. 1 Nr. 5, 135 Abs. 1 InsO) zugutekommende Haftungsbeschränkung (§§ 39 Abs. 4 Satz 1, 135 Abs. 4 InsO), sondern auch auf die aus dieser resultierende Missbrauchsgefahr verweisen.[23] Auf derselben Linie liegt der zur Rechtfertigung insbesondere des § 135 Abs. 1 InsO vorgebrachte und dem Generalthema des vorliegenden Beitrags sehr nahe kommende Hinweis[24] auf eine erhöhte Verantwortung der Gesellschafter, die sich nicht allein aus ihrer Haftungsbeschränkung, sondern auch aus ihrer Insiderstellung, aus den mit dieser typischerweise verbundenen Informations- und Handlungsvorteilen sowie aus den durch solch eine „Asymmetrie von Chance und Risiko" (Bitter G und Laspeyres A 2013, S. 2293) begründeten Gefahren für andere Gläubiger der Gesellschaft ergebe.

Der Bundesgerichtshof hat inzwischen deutliche Sympathie für die letztgenannte Sicht der Dinge erkennen lassen.[25] Jedoch ist auch sie nicht restlos überzeugend. Denn es ist sehr zweifelhaft, ob die Informations- und Handlungsvorteile eines mit lediglich 11 %[26] am Haftkapital der Gesellschaft beteiligten, nicht geschäftsführenden (§§ 39 Abs. 5, 135 Abs. 4 InsO) Gesellschafters in der Mehrzahl der Fälle tatsächlich signifikant größer sind als diejenigen einer ihre Kreditvergabe mit ausgeklügelten Zusatzvereinbarungen, insbesondere Covenants, verbindenden Bank. Zudem soll es durchaus schon vorgekommen sein, dass ein Gesellschafter, sei es aus Schikane oder aus anderen Gründen, für lange Zeit jedenfalls faktisch vom

---

[23]Habersack M (2008, S. 2387); vgl. auch die fast schon wie eine Vorwegnahme der heutigen §§ 39 Abs. 1 Nr. 5, 135 Abs. 1 InsO anmutenden Ausführungen von Immenga U (1970, S. 418 ff., 421 f.)

[24]Vgl. etwa Hölzle G (2009, S. 1941 f.); Mylich F (2009, S. 474, 488); Schaumann M (2009, S. 247); Thole C (2012, S. 513, 520 ff., 524 ff.); Majic M (2013, S. 79 ff., 83 ff., 87, 247 f.); BGH, Urt. v. 18.7.2013 – IX ZR 219/11, BGHZ 198, 64, 70 ff. (Rn. 19 ff.) = ZInsO 2013, S. 1573, 1575 f. = ZIP 2013, 1579, 1581.

[25]BGH, Urt. v. 18.7.2013 – IX ZR 219/11, BGHZ 198, 64, 70 ff. (Rn. 19 ff.) = ZInsO 2013, 1573, 1575 f. = ZIP 2013, 1579, 1581.

[26]Diese Prozentzahl ist vor dem Hintergrund der §§ 39 Abs. 5, 135 Abs. 4 InsO zu sehen. Nach diesen Vorschriften bleibt ein darlehensgebender Gesellschafter von den sehr harten Rechtsfolgen der §§ 39 Abs. 1 Nr. 5, 135 Abs. 1 InsO verschont, wenn er weder Geschäftsführer der Gesellschaft noch mit mehr als 10 % am Haftkapital der Gesellschaft beteiligt ist.

Informationsfluss abgeschnitten war.[27] Soll auch dieser Gesellschafter, wenn er der Gesellschaft zu harmonischeren Zeiten ein Darlehen gegeben hatte, den Tücken des neuen Rechts ausgeliefert sein? Wer dies unter Hinweis auf den für solch einen Fall keine Ausnahme vorsehenden, aber aus mehreren Gründen dringend auf den Prüfstand des Art. 3 Abs. 1 GG gehörenden[28] Wortlaut der §§ 39 Abs. 1 Nr. 5, 135 Abs. 1 InsO bejaht, wird sich konsequenterweise der Anschlussfrage stellen müssen, ob die §§ 39 Abs. 1 Nr. 5, 135 Abs. 1 InsO dann nicht *analog* auch auf Kredite eines Nichtgesellschafters (beispielsweise einer Bank) angewandt werden müssen,[29] wenn das von ihm gewährte Darlehen demjenigen eines Gesellschafterdarlehens entspricht.[30] Alternativ bzw. ergänzend käme in Betracht, eine Anwendung der

---

[27]Vom Informationsfluss abgeschnitten können übrigens auch darlehensgebende *Kommanditisten* sein. Denn ein Kommanditist hat als solcher keine laufenden Informations- und Auskunftsrechte (§ 166 HGB). Lediglich aufgrund des *allgemeinen* Informationsrechts jedes Gesellschafters wird einem Kommanditisten die Befugnis zugestanden, der Geschäftsführung im Hinblick auf Umstände Fragen zu stellen, wenn und soweit er die gewünschten Informationen zur Ausübung seiner gesellschaftsrechtlichen Mitwirkungsbefugnisse benötigt (Westermann H P 2014, S. 689, 695 m. w. N.). Berichtet wird sogar von einem Fall, in dem es eines *obergerichtlichen* Urteils bedurfte, um einen rechtswidrigen Gesellschafterbeschluss zu beseitigen, durch den einem Kommanditisten das Informationsrecht „pauschal" abgesprochen worden war (Westermann H P 2014, S. 695). Und dennoch unterliegen nach dem Wortlaut des Gesetzes auch darlehensgebende *Kommanditisten* den beschränkenden Wirkungen der §§ 39 Abs. 1 Nr. 5, 135 InsO, wenn die darlehensnehmende Gesellschaft (z. B. als GmbH & Co) in einer dem § 39 Abs. 4 InsO entsprechenden Weise strukturiert ist. Vereinzelt vertreten wird allerdings auch eine teleologische Reduktion, nach der die genannten Vorschriften trotz des weiten Wortlauts nicht angewendet werden dürfen, wenn der Gesellschafter (Darlehensgeber) aufgrund der rechtlichen und/ oder tatsächlichen Gestaltung der Gesellschaftsinterna (keine ausreichenden Informationsmöglichkeiten, kein ausreichender Einfluss auf die Geschäftsführung, kein Anspruch auf Gewinnbeteiligung) überhaupt nicht die Möglichkeit hatte, mit der Darlehenssumme auf Kosten anderer Gläubiger zu spekulieren (vgl. Bitter G und Laspeyres A 2013, S. 2294 f.; ähnlich Mylich F 2012, S. 547, 565 ff.).

[28]Die Vereinbarkeit mit Art. 3 Abs. 1 GG mit ausführlicher Begründung in Frage stellend Marotzke W (2010, S. 592, 598 ff.); Marotzke W (2016, S. 19, 24 ff.)

[29]Für eine solche Analogie Breidenstein M (2010, S. 273, 277 ff., 280 ff.); Kampshoff M (2010, S. 897, 901 f., 904); Servatius W (2008, S. 621 ff., 628 ff.) (§ 16); mit Einschränkungen auch Majic M (2013, S. 87 ff., 247 ff.); mit der Einbeziehung durch Covenants gesicherter Bankkredite zumindest sympathisierend Marotzke W (2016, S. 19, 28 mit Fn. 45); a. M. Bitter G (2015) § 64 GmbHG Anh. Rn. 32, 228 f. m. w. N. zum aktuellen Stand der Diskussion.

[30]Vgl. OLG Jena, Beschl. v. 25.09.2015 – 1 U 503/15, ZInsO 2016, 1366.

§§ 39 Abs. 1 Nr. 5, 135 Abs. 1 InsO im Wege teleologischer Reduktion von vornherein auf solche Fälle zu beschränken, in denen der darlehensgebende Gesellschafter
(bei analoger Anwendung auf Bankkredite: die darlehensgebende Bank) *tatsächlich*
über bessere Informations- und Einflussmöglichkeiten verfügte als die übrigen
Gläubiger der Gesellschaft, m. a. W. wenn der als Legitimationsgrundlage der §§ 39
Abs. 1 Nr. 5, 135 Abs. 1 InsO identifizierte Informations- und Machtvorsprung des
Darlehensgebers nicht nur kraft typisierender Betrachtungsweise vermutet wird,
sondern tatsächlich bestanden hat.[31] Aus dem Anwendungsbereich des § 135 Abs. 1
InsO herausnehmen wird man auch diejenigen Fälle müssen, in denen sich die
Gesellschaft im Zeitpunkt der Darlehensrückzahlung noch in guter wirtschaftlicher
Verfassung befand, also von einer „Krise" überhaupt noch nicht die Rede sein
konnte.[32] Dies alles ist jedoch sehr umstritten und hier nicht weiter zu vertiefen.[33]

---

[31]Dazu Marotzke W (2016, S. 19, 44 (II.3.(6.)) mit Nachweisen zum Meinungsstand in Fn.
114; vgl. auch Bitter G und Laspeyres A (2013, S. 2294 f.) und Mylich F (2012, S. 547,
565 ff.)

[32]Für eine solche (weitere) teleologische Reduktion Marotzke W (2016, S. 19, 31 ff.)
(II.2.b), 39 (II.3. (1.), (2.)); a. M. der bei Marotzke W (2016, S. 22 f., 34 f.) erwähnte
Beschluss des BGH v. 30.03.2015 – IX ZR 196/13, publiziert u. a. in NZI 2015, 657 f., in
ZInsO 2015, 1149 f. und in ZIP 2015, 1130 f.

[33]Vgl. stattdessen die in den Fn. erwähnte Spezialliteratur.

Herrschaft, Risiko und Verantwortung in der Finanzwirtschaft 3

Das Thema „Herrschaft, Risiko und Verantwortung in der Finanzwirtschaft" geht nicht nur Banken, andere Finanzmarktakteure und deren unmittelbare Vertragspartner, sondern auch Staat und Gesellschaft etwas an. Denn die realpolitische Vernachlässigung dieses Themas kann zu massiven Kollateralschäden in Staat und Gesellschaft führen. Alarmierend ist deshalb der nachfolgend (Abschn. 3.2) näher zu begründende Befund, dass ausgerechnet die *Asymmetrie* von Herrschaft und Risikotragung, also dieselbe missbrauchsanfällige Schieflage, auf die Rechtswissenschaft und -praxis im Zusammenhang der insolvenzrechtlichen Behandlung von *Gesellschafter*darlehen sehr heftig reagieren pflegen (Kap. 2, Abschn. 2.2), im *Bankgewerbe* nicht nur ein billigend in Kauf genommener Nebeneffekt, sondern wesentlicher Bestandteil eines weit verbreiteten Geschäftsmodells ist.

3.1 Finanzmarktkrisen und staatliche Rettungsaktionen

Infolge der weltumspannenden Finanzmarktkrise,[1] die im Jahr 2007 in den USA begann, wenig später auch Europa erreichte und bis heute nicht überwunden ist, sehen sich, mit teils erheblichen Unterschieden je nach Wohnsitzstaat[2] und Lebensalter, noch immer viele Menschen in ihrer wirtschaftlichen, persönlichen[3] und

---

[1]Vgl. Admati A, Hellwig M (2014, S. 35 ff.); Vogl J (2015, S. 11 ff.).

[2]Vgl. Jost S (2015); Bundesagentur für Arbeit (2016) und statista.com (Arbeitslosenquote September 2016).

[3]Im Extremfall besteht die „persönliche" Betroffenheit sogar in Krankheit und Tod. Über solche Fälle berichtet Schweitzer J (2016).

© Springer Fachmedien Wiesbaden GmbH 2017
W. Marotzke, *Risikobeteiligung und Verantwortung als notwendige Machtkorrektive*, essentials, DOI 10.1007/978-3-658-16698-4_3

gesellschaftlichen Existenz bedroht. Auch die zunehmenden wirtschaftlichen, sozialen und politischen Konflikte innerhalb der Europäischen Gemeinschaft und die berufliche Perspektivlosigkeit vieler junger Menschen insbesondere in den südeuropäischen Staaten[4] sind zumindest teilweise auf die Finanzmarktkrise zurückzuführen, die hier, hausgemachte andere Ursachen verstärkend, wie ein Brandbeschleuniger gewirkt hat. Vergleichsweise glimpflich[5] sind bisher die Banken davongekommen, die vom Staat mit hohem[6] finanziellem Einsatz (z. B. für die aus Steuergeldern finanzierte Rettung der krisengeschüttelten HRE,[7] der Commerzbank, der WestLB und einiger anderer als systemrelevant angesehener Banken[8] vor dem Schlimmsten

---

[4]Die Jugendarbeitslosenquote in den Mitgliedsstaaten der europäischen Union schwankten im März 2015 zwischen 51,9 % in Griechenland und 6,9 % in Deutschland. Näheres bei statista.com (Jugendarbeitslosenquote März 2016). Ähnliche Zahlen nennt die Bundesagentur für Arbeit (2016), Anhangtabelle 2 für Februar 2016.

[5]Vgl. Streule J (2014); Schumann H (2016); Giegold S (2014); Marotzke W (2015 JZ, S. 597, 604).

[6]Das vom deutschen Staat finanzierte Projekt „Stabilisierung des Finanzmarkts" war zu Beginn ausgestattet mit einem Etat von maximal 480 Mrd. EUR. Davon wurden in der Spitze 168 Mrd. EUR an Garantien und 29,4 Mrd. EUR an Kapitalhilfen eingesetzt (Quelle: Bundesministerium der Finanzen. Monatsbericht vom 20.12.2013, dortige Gliederungsziffer 1). Weitere Details – insbesondere zu den für die Rettung der Münchener *Hypo Real Estate Holding AG* aufgewendeten Mitteln – finden sich bei Marotzke W (2009, S. 763, 767 ff.); Marotzke W (2015 JZ, insbesondere Fn. 2 ff. und S. 602, 604); Storn A (16.07.2015). Zu den *gesamten* Kosten der Finanzmarktkrise äußern sich mehr oder weniger detailliert die Bundesanstalt für Finanzmarktstabilisierung (FMSA) in: Stabilisierungsmaßnahmen des SoFFin (abrufbar unter www.fmsa.de/de/fmsa/soffin/Berichte/ SoFFin-Massnahmen/SoFFin-Massnahmen.html Stand: 31.05.2015); Giegold S (2014); Frühauf M (2013); Greive M (07.09.2015); Greive M (21.09.2015).

[7]Dazu Marotzke W (2009, S. 763 ff.); Marotzke W (2015 JZ, S. 597 ff., 602, 604); Seibert U (2010, S. 2525, 2030 ff.).

[8]Neben der HRE ausdrücklich erwähnt werden von amtlicher Seite (Bundesministerium der Finanzen. Monatsbericht vom 20.12.2013) die Commerzbank und die WestLB. Ebenfalls zu nennen wären hier die mit Steuergeldern geretteten IKB, die LBBW, die BayernLB und die HSH Nordbank (vgl. zur Letztgenannten auch Eilts S, Baab P 2016 und Ermisch S 2016). Nach einem Bericht von Schieritz M, Storn A (2016) könnte demnächst möglicherweise auch die Deutsche Bank AG auf staatliche Rettungsgelder angewiesen sein – und dies, obwohl gerade sie zu den größten mittelbaren Profiteuren der schon bisher zur Finanzmarktstabilisierung eingesetzten in- und ausländischen Steuergelder gehört (vgl. Giegold S 2014; Streule J 2014; Buchter H, Nienhaus L 2016; Wolf W 2016). Zum Stand der zivil- und strafrechtlichen Aufarbeitung der in den genannten Fällen eingetretenen Schieflagen vgl. Binder J H (2016a, S. 229 ff.); Marotzke W (2015 JZ); BGH, Urt. v. 12.10.2016 – 5 StR 134/15 sowie den am 12.10.2016 erschienenen Bericht des NDR (www.ndr.de/nachrichten/Bundesgerichtshof-prueft-Nordbank-Freisprueche,hshnordbank948.html).

bewahrt wurden. Die Notwendigkeit, im Zuge der Finanzmarktkrise insolvent gewordene, aber als systemrelevant angesehene Banken mit Steuergeldern zu retten, wurde den Bürgern der Bundesrepublik Deutschland mit dem Argument erklärt, dass der Zusammenbruch einer systemrelevanten Bank einen Kollaps des gesamten Finanzmarkts nach sich ziehen und damit zurück in die Tauschwirtschaft führen würde. Ob das vielleicht etwas zu schwarz gemalt war, weiß bis heute niemand ganz genau.[9] Zu akzeptieren ist jedoch, dass die damalige Bundesregierung gezwungen war, auf sehr unsicherer Tatsachenbasis sehr schnell sehr grundlegende Entscheidungen zu treffen, und dass sich für eine Rettung strauchelnder Banken angesichts der schweren Verwerfungen, zu denen der staatlicherseits nicht verhinderte Zusammenbruch der US-amerikanischen Lehmann Brothers Holdings Inc. (einer weltweit agierenden Investmentbank mit Hauptsitz in New York) geführt hatte, respektable Gründe anführen ließen, mag auch die Art und Weise, in der die Rettungsaktionen konkret durchgeführt wurden, Anlass zu mancher Kritik geben.[10]

---

[9]Wie weit die Beurteilungen auseinanderliegen können, zeigen zum einen die im Mai 2008 geäußerte Bemerkung des damaligen Bundespräsidenten *Horst Köhler,* man sei „nahe dran an einem Zusammenbruch der Weltfinanzmärkte" gewesen (WELT.de16.11.2011), und zum anderen die Entgegnung von *Josef Ackermann,* damals noch Vorstandsvorsitzender der Deutsche Bank AG, dass davon „keine Rede" sein könne (Frankfurter Allgemeine 15.05.2008). Freilich wird *Ackermann* an anderer Stelle (Seibert U 2010, S. 2531) auch mit dem Satz zitiert: „Der Geldkreislauf trocknete aus, ein Infarkt des globalen Finanzsystems stand kurz bevor." Wie schnell man doch seine Meinung ändern kann!

[10]Als „Kunstfehler" sind hier ohne Anspruch auf Vollständigkeit zu benennen zum einen die juristische Ermöglichung und tatsächliche Auszahlung viel zu hoher Abfindungszahlungen an Altaktionäre der HRE, die im Zuge der staatlich finanzierten Rettungsaktion ihre Beteiligungen hergeben mussten (dazu Marotzke W 2009, S. 763, 768, 770 ff.; 2015, 597, 602); kritisch auch (Hellwig M 2012, S. 35, 39 ff.), zum anderen der – vermutlich unbewusste – Verzicht auf die Schaffung einer ausdrücklichen gesetzlichen Bestimmung des Inhalts, dass ehemalige HRE-Aktionäre keinesfalls berechtigt sein dürfen, die HRE, die ohne die staatlich finanzierte Rettungsaktion heute überhaupt nicht mehr existieren würde, ausgerechnet zulasten des Retters auf Ersatz der Vermögensschäden in Höhe von insgesamt ca. 500 bis 800 Mio. EUR in Anspruch zu nehmen, die ihnen dadurch entstanden sind, dass sie von den Verantwortlichen der HRE durch unwahre Abgaben und Verschweigen relevanter Tatsachen zum Kauf von HRE-Aktien verleitet wurden (dazu sowohl aus rechtsethischer als auch aus rechtsdogmatischer Sicht vor dem Hintergrund der bereits anhängigen Gerichtsverfahren Marotzke W 2015 JZ). Inzwischen ist auch der BGH mit der Sache befasst worden, der bisher allerdings nur über einige verfahrensrechtliche Vorfragen zu entscheiden hatte (BGH, Beschl. v. 1.12.2015 – XI ZB 13/14).

3.2   Trennung von Herrschaft und Risiko als Geschäftsmodell

Finanzmarktkrisen beruhen stets auf dem Zusammenspiel mehrerer Ursachen. Eine herausragende Rolle unter den möglichen Krisenursachen kommt aktuell aber der Tatsache zu, dass sich unter den Finanzmarktakteuren ein Geschäftsmodell etablieren konnte, bei dem die Chance, notfalls mit öffentlichen Mitteln gestützt zu werden, die Risikobereitschaft der Akteure in einem Maße beflügelt, dem die erforderliche betriebswirtschaftliche Bodenhaftung abhanden zu kommen droht. Der Clou dieses Systems liegt in einer für Außenstehende nur schwer zu verstehenden Asymmetrie zwischen Herrschaft und Gewinnchance auf der einen und Risikotragung auf der anderen Seite (Admati A und Hellwig M 2014, S. 103, 127 ff., 230 f., 259, 333 ff.). Solche Asymmetrien sind schon grundsätzlich gefährlich. Bei Banken und Finanzmarktfonds, die täglich und oft sogar vollautomatisch mehrmals innerhalb von Sekundenbruchteilen[11] extrem hohe Summen rund um den Globus schicken, wird aus dieser Gefahr sehr schnell ein „systemisches Risiko". Eine verhängnisvolle Rolle spielt dabei die sehr niedrige[12] Eigenkapitalausstattung der Banken und sonstigen Finanzmarktakteure. War bis Mitte des 19. Jahrhunderts noch ein Eigenkapital, nicht zu verwechseln mit Barreserve,[13] in Höhe von 40 bis 50 % der gesamten Bankaktiva (Risikopositionen) üblich,[14] betrug dieser Sicherheitspuffer im Vorfeld der in den Jahren 2007 und 2008 sichtbar gewordenen Finanzmarktkrise nicht selten nur 2–3 Prozent der gehaltenen risikobehafteten Vermögenswerte (Admati A und Hellwig M 2014, S. 61, 63, 110 f., 156). Den großen Rest besorgten sich die Banken durch Kredit-

---

[11]Man spricht hier von „Hochfrequenzhandel" oder „Speedtrading". Zu den Besonderheiten dieser Art des Geschäftemachens und den damit verbundenen Missbrauchsgefahren vgl. Kasiske P (2014) und Deutsche Bundesbank (2016).

[12]Admati A, Hellwig M (2014, S. 30 ff., 61 ff.); Huber J (2013, S. 204).

[13]Eigenkapitalanforderungen schreiben einer Bank nicht vor, wie viel Geld sie als Barreserve (Mindestreserve) bereithalten muss, sondern sie legen fest, welcher Anteil des Kapitals, das eine Bank für Investitionen (z. B. für den Kauf von Wertpapieren) einsetzen möchte, aus eigenen (statt aus geliehenen) Mitteln stammen muss. Die diesbezügliche Verwechslungsgefahr und ihre branchenübliche rhetorische Ausnutzung mit spitzer Feder aufspießend Admati A, Hellwig M (2014, S. 26 ff., 157 ff.).

[14]Admati A, Hellwig M (2014, S. 62, 275 sowie Endnote 20 auf S. 370).

aufnahme am Markt. Zwar verlangen Basel III[15] und die im Anschluss hieran geschaffenen Rechtsvorschriften nun, zumindest nominell, eine deutliche Erhöhung der Eigenkapitalquoten. Die neuen Eigenkapitalanforderungen, die in den einschlägigen Regelwerken meist als Anforderungen an das „Kernkapital" bezeichnet werden, erreichen in der Spitze, die allerdings erst im Jahr 2019 erreicht werden muss[16] und fallspezifisch variieren kann, Werte von bis zu 13 %[17] der risikogewichteten[18] Aktiva, wobei u. U. zusätzlich noch die Schaffung sogenannter „antizyklischer Kapitalpuffer"[19] verlangt werden kann.

Der in diesem Zusammenhang verwendete Begriff „Kernkapital" ist in hohem Maße irreführend.[20] Denn die aufsichtsrechtlichen Vorgaben für die Bewertung der von der Bank mit teils eigenem, teils fremdem Geld erworbenen Wertpapiere, Zertifikate und sonstigen Positionen, deren Gesamtvolumen die rechnerische *Bezugsgröße*

---

[15]Dazu Erläuterung und Bereitstellung zum Download unter www.bundesbank.de/Navigation/DE/Aufgaben/Bankenaufsicht/Basel3/basel3.html (letzter Abruf am 21.09.2016). Vgl. zu Basel III auch die Kritik von Admati A, Hellwig M (2014, S. 156 f., 234, 261 f., 270, 272 ff., 277 ff., 283, 288, 290, 292, 300, 302, 341, 346).

[16]Bundesministerium der Finanzen. Monatsbericht vom 21.10.2013, Gliederungsziffern 3.2 und 4.3.

[17]Je nach Lage des Falles soll jedoch auch ein etwas niedriger Prozentsatz genügen. Näheres in: Bundesministerium der Finanzen. Monatsbericht vom 21.10.2013, dort unter 3.2 und 4.3.

[18]Vgl. Bundesministerium der Finanzen. Monatsbericht vom 21.10.2013, dortiger Gliederungspunkt 3.2: „Zur Stärkung der Quantität erfolgt die schrittweise Erhöhung der Mindestkapitalanforderungen für das harte Kernkapital von gegenwärtig 2 % auf 4,5 % der *risikogewichteten* Aktiva bis zum Jahr 2015" (*Kursivsetzung* nicht im Original).

[19]Der antizyklische Kapitalpuffer (Countercyclical capital buffer – CCB) gilt als ein makroprudenzielles Instrument der Bankenaufsicht. Er soll dem Risiko eines übermäßigen Kreditwachstums im Bankensektor entgegenwirken. Die rechtlichen Grundlagen des antizyklischen Kapitalpuffers finden sich insbesondere in den Artikeln 130, 135 bis 140 der Capital Requirements Directive (CRD IV), die in § 10d KWG i. V. m. § 64r KWG in deutsches Recht umgesetzt wurden. Näheres unter www.bafin.de/DE/Aufsicht/BankenFinanzdienstleister/Eigenmittelanforderungen/Kapitalpuffer/antizyklischer_kapitalpuffer_node.html.

[20]Zum gleichbedeutenden Begriff „Equity Ratio" führt das DIW-Glossar treffend aus (www.diw.de/de/diw_01.c.413289.de/presse/diw_glossar/equity_ratio.html): Da sich die Equity Ratio „nur auf den Teil der Aktiva mit positiven Risikogewichten und nicht auf die ganze Bilanz" beziehe, sei ihr Wert üblicherweise größer als der Wert der Leverage Ratio. „Wegen des gänzlich anderen Verständnisses einer Eigenkapitalquote in der Realwirtschaft [werde] außerhalb des Bankensektors fälschlicherweise oft angenommen, hinter der Equity Ratio verberge sich das Verhältnis von Eigenkapital zu Bilanzsumme". Diese Annahme führe naturgemäß zu einer „Unterschätzung der tatsächlichen Hebelung" der Bankbilanzen.

der aktuell geforderten Kernkapitalquoten ist, wurden nicht hart und „kernig", sondern derart wachsweich formuliert, dass es für Banken ein Leichtes ist, die Bezugsgröße der zu ermittelnden Quote mithilfe einer ihnen ausdrücklich vorbehaltenen[21] Risikogewichtung kleinzurechnen[22] und dadurch die in einer Prozentzahl ausgedrückte Kernkapitalquote, die mit der wirklichen Eigenkapitalquote nur die Namensverwandtschaft gemeinsam hat, wesentlich größer erscheinen zu lassen, als sie ohne solche Bewertungsspielräume wäre.[23] Die einschlägigen Regelwerke gestehen den Banken das Recht zu, die Risikogewichtung auf der Basis eigener Risikomodelle selbst vornehmen,[24] und fordern sogar dazu auf, das Risiko europäischer Staatsanleihen mit Null[25] anzusetzen. Diese aufsichtsrechtliche Versuchsanordnung unterscheidet sich im Kern nicht von derjenigen, die es dem größten deutschen Automobilhersteller – und nicht nur ihm[26] – ermöglichte, mithilfe einer ausgeklügelten Software jahrelang die Abgasmesswerte seiner Dieselfahrzeuge schönzurechnen,[27] und auch nicht von derje-

---

[21]Bundesministerium der Finanzen. Monatsbericht vom 21.10.2013, Gliederungspunkt 3.2: „Zur Stärkung der Quantität erfolgt die schrittweise Erhöhung der Mindestkapitalanforderungen für das harte Kernkapital von gegenwärtig 2 % auf 4,5 % der *risikogewichteten* Aktiva bis zum Jahr 2015" (*Kursivsetzung* nicht im Original).

[22]Vgl. Admati A, Hellwig M (2014, S. 272 ff. sowie die Endnoten 63 ff. auf S. 457 ff.); Huber J (2013, S. 205 ff.); DIW-Glossar zu „Equity Ratio" (www.diw.de/de/diw_01.c.413289.de/presse/ diw_glossar/equity_ratio.html); DIW-Glossar zu „Basel III" (www.diw.de/de/diw_01.c.413274. de/presse/diw_glossar/basel_iii.html).

[23]Nichts hierzu bei Görner A (2016, S. 89, 96, 103). Dort wird zwar die regulatorische Bedeutung des „harten Kernkapitals", nicht aber auch die sehr viel aussagekräftigere „leverage ratio" thematisiert und unter Nachhaltigkeitsgesichtspunkten mit letztlich positivem Ergebnis bewertet. Zu den signifikanten Unterschieden zwischen „harter Kernkapitalquote" auf der einen und „Eigenkapitalquote" oder zumindest „leverage ratio" auf der anderen Seite vgl. auch den nachfolgenden Text.

[24]Dies zu Recht kritisierend Schäfer D (2011, S. 11, 14 ff.) Bemerkenswert deutlich auch das DIW-Glossar zu „Basel III" (www.diw.de/de/diw_01.c.413274.de/presse/diw_glossar/ basel_iii.html): „Risikogewichte werden entweder durch bankeigene Risikomodelle ermittelt oder sie werden aus den Bewertungen der Ratingagenturen abgeleitet. In der Vergangenheit wurden die Risikogewichte häufig zu niedrig angesetzt. Die Umsetzung von Basel III im Rahmen der CRD IV weist manchen Aktiva – etwa Staatsanleihen der EU-Mitgliedsländer – grundsätzlich ein Risikogewicht von Null zu".

[25]Diese kuriose, letztlich nur politisch erklärbare Praxis und den durch sie bewirkten „Risikoverbund zwischen Banken und Staaten" zu Recht als sehr gefährlich kritisierend Deutsche Bundesbank, Geschäftsbericht (2014, S. 18, 23 ff., 35 ff., 40 ff.); vgl. auch Schäfer D (2011, S. 11, 12, 14, 15, 16); Pötzsch T (2016) ad 4.

[26]Vgl. Breitinger M (2016a); Breitinger M (2016b); Sorge N-V, Eckl-Dorna W (2016).

[27]Vgl. zu diesem Vorgang Gerhard S, Breitinger M (2015); Frankfurter Allgemeine (08.07.2016); Breitinger M (2016b).

nigen, die es einer verschworenen Gemeinschaft von Großbanken ermöglichte, über viele Jahre hinweg den LIBOR-Zinssatz[28] zu manipulieren.[29] Wenn eine europäische Bank heute verkündet, sie habe eine *Kern*kapitalquote von 10 %,[30] soll man nach Ansicht renommierter Ökonomen darauf wetten können, „dass ihr Eigenkapital weniger als 5 % ihrer gesamten Aktiva ausmacht – wahrscheinlich sogar nur 2 oder 3 %" (Admati A und Hellwig M 2014, S. 272). In dieses Bild passt, dass die Differenz zwischen der risikogewichtend ermittelten „harten Kernkapitalquote" und der Leverage Ratio, bei der die Bezugsgröße angeblich nicht risikogewichtend kleingerechnet wird[31] (während bei der Bewertung der als Eigenkapital vorzuhaltenden Aktiva noch immer relativ großzügig verfahren werden darf[32]), bei der Deutsche Bank AG seit Jahren mehr als 7 Prozentpunkte betragen hat: Bei diesem Global Player der Finanzwirtschaft, der in den Massenmedien noch immer gern als Deutschlands Branchenprimus

---

[28]Die Bezeichnung „LIBOR" steht für London Interbank Offered Rate. Es handelt sich um einen wichtigen Referenzzinssatz (Briefkurs) für viele Finanzinstrumente des Geldmarktes, zu dem international tätige Großbanken Euro-Geldmarktgeschäfte in London abschließen. Er deckt die häufigsten Termingeschäftslaufzeiten ab (ein, zwei, drei, sechs und zwölf Monate) und wird täglich neu festgesetzt als Durchschnittszinssatz aus den Brief-Sätzen von 8, 12 bzw. 16 internationalen Großbanken, je nachdem für welche Währung gefixt wird. Diese Angaben wurden übernommen aus: Heldt C (undatiert).

[29]Eine „Chronik" des LIBOR-Skandals ist abrufbar unter www.handelszeitung.ch/die-chronik-des-libor-skandals (letzter Zugriff am 21.09.2016). Vgl. auch Heldt C (undatiert) und Frankfurter Allgemeine (23.04.2015).

[30]Nur knapp darüber liegend Deutsche Bank AG, Zwischenbericht zum 31. März 2016, 3, 20, 26, 33, 40 (10,7 %); Deutsche Bank AG, Zwischenbericht zum 30. Juni 2016, 3, 29, 36, 45, 53 (10,8 %); Deutsche Bank AG, Zwischenbericht zum 30. September 2016, 3, 29, 34, 43, 51 (11,1 %).

[31]So jedenfalls die Deutsche Bundesbank im Mai 2016 (www.bundesbank.de/Navigation/DE/Aufgaben/Bankenaufsicht/Leverage_Ratio/leverage_ratio.html) und die Ausführungen in Focus Online (28.01.2016). Ernüchternd jedoch die Ausführungen im DIW-Glossar zu Leverage Ratio: Für die Levarage Ratio sehe Basel III eine Mindestmarke von drei Prozent vor. Dadurch solle die Hebelung der Bilanzsumme auf das 33,3-fache des gesamten Kernkapitals begrenzt werden. Allerdings werde hier nicht das „harte" Kernkapital zur Berechnung herangezogen, sondern das Kernkapital, also hartes Kernkapital plus Mischformen aus Eigen- und Fremdkapital („hybrides Kapital") und stille Einlagen. Vgl. auch Handelsblatt (13.01.2014). Den von Basel III zugelassenen Hebel von 1/33,3 überzeugend als noch immer zu hoch kritisierend Schäfer D (2011, S. 11, 17).

[32]Vgl. den letzten Satz der in der vorherigen Fn. wiedergegebenen Ausführungen des DIW-Glossars.

bezeichnet wird,[33] betrug die „harte Kernkapitalquote" im Jahr 2016 rund 11 %,[34] die Leverage Ratio hingegen nur 3,4 bis 3,5 %.[35] Diese 3,5 %, die in den letzten Zwischenberichten der Deutsche Bank AG sprachlich kreativ als *Verschuldungs*quote bezeichnet werden[36] (als ob die 3,5 % solch eine *gute* Nachricht wären!), sind weniger als ein Fünftel der Eigenkapitalquote, die in anderen Wirtschaftszweigen als normal angesehen wird.[37]

---

[33]Ganz aktuell z. B. in dem Bericht von Schieritz M, Storn A (2016). Die Bezeichnung als „Branchenprimus" steht in hartem Kontrast zu der Tatsache, dass die Deutsche Bank AG am 08.08.2016 den Stoxx Europe 50 verlassen musste (Scholtes B 2016; Wiebe F, Tyborski R 2016) und zurzeit sogar über ein staatliches Programm zur Rettung der Deutsche Bank AG nachgedacht wird (vgl. Schieritz M, Storn A 2016). Zudem gehört just die Deutsche Bank AG zu den größten mittelbaren Profiteuren der schon bisher zur Finanzmarktstabilisierung eingesetzten in- und ausländischen Steuergelder (vgl. Giegold S 2014; Streule J 2014; Buchter H, Nienhaus L 2016; Wolf W 2016).

[34]Deutsche Bank AG, Zwischenbericht zum 31. März 2016, S. 3, 20, 26, 33, 40 (10,7 %); Deutsche Bank AG, Zwischenbericht zum 30. Juni 2016, S. 3, 29, 36, 45, 53 (10,8 %); Deutsche Bank AG, Zwischenbericht zum 30. September 2016, S. 3, 29, 34, 43, 51 (11,1 %).

[35]Bank AG, Zwischenbericht zum 31. März 2016, S. 3, 26, 33, 45, 46 (3,4 %); Deutsche Bank AG, Zwischenbericht zum 30. Juni 2016, S. 3, 36, 45, 60, 61 (3,4 %); Deutsche Bank AG, Zwischenbericht zum 30. September 2016, 3, 34, 43, 58 (3,5 %). In allen diesen Zwischenberichten wird jedoch anstelle des Begriffs *Leverage Ratio* die beschönigende, weil die negative Botschaft einer kleinen Prozentzahl verschleiernde Bezeichnung *Verschuldungsquote* verwendet. Eine Leverage Ratio („Verschuldungsquote") von weniger als 4 % ist bei der Deutsche Bank AG kein einmaliger Ausreißer, sondern liegt im Trend der Vorjahre. Noch im Februar 2015 erklärte Anshu Jain, damals noch Co-Vorstandsvorsitzender der Deutsche Bank AG, in einem ZEIT-Interview (Jain A 2015): „We are already at a leverage ratio of 3.5 percent – up substantially since 2012 – and meet the current rules." Vgl. zur Leverage Ratio der Deutsche Bank AG auch Storn A (09.04.2015) und Focus Online (28.01.2016).

[36]Deutsche Bank AG, Zwischenbericht zum 31. März 2016, 33 bzw. Deutsche Bank AG, Zwischenbericht zum 30. Juni 2016, 45 bzw. Deutsche Bank AG, Zwischenbericht zum 30. September 2016, 43: „Die Common Equity Tier-1-Kapitalquote (CET1 Ratio), die Interne Kapitaladäquanzquote (Internal Capital Adequacy Ratio, ICA), die Verschuldungsquote (Leverage Ratio, LR) […] sind übergeordnete Metriken und integraler Bestandteil unserer strategischen Planung […]." Die folgenden Seiten der Zwischenberichte sprechen durchgängig von „Verschuldungsquote", wenn eigentlich die „Leverage Ratio" gemeint ist. Diese Begrifflichkeit, der sich auch andere im deutschen Sprachraum publizierende Banken bedienen und die sogar von der Deutschen Bundesbank als möglich und vertretbar hingenommen wird (vgl. www.bundesbank.de/Navigation/DE/Aufgaben/Bankenaufsicht/Leverage_Ratio/leverage_ratio.html), ist tendenziös und wirklichkeitsverzerrend. Vgl. dazu den folgenden Text.

[37]Die übliche Eigenkapitalausstattung deutscher Großunternehmen der Realwirtschaft beträgt nicht lediglich 3,5 oder 10 %, sondern aktuell meist mehr als 25 %. Vgl. hierzu KFW-Research (2009) und Deutsche Bundesbank (Dezember 2013). Aktuellere Zahlen finden sich bei Creditreform (2016, S. 18 ff.)

Indem europäische Banken, auch wenn sie sich öffentlich einer „harten" *Kern*kapitalquote von rund 10 % rühmen, meist eine *Eigen*kapitalquote von weniger als 5 %, nicht selten sogar nur 2 oder 3 % aufweisen (Admati A und Hellwig M 2014, S. 272), müssen sie ihre bisherigen Investitionen zu 95 bis 98 % mit fremdem Geld, insbesondere mit geliehenem Geld,[38] finanziert haben. Eine nicht politisch motivierte, sondern um wissenschaftliche Klarheit bemühte Terminologie würde *diesen* Prozentsatz, der nur knapp unter 100 liegt, als *Verschuldungs*quote bezeichnen.[39] Bezogen auf ihren gefährlich[40] niedrigen Eigenkapitalanteil von

---

[38]„Fremd" ist geliehenes oder als Spareinlage empfangenes Geld freilich nicht im juristischen Sinne (denn es wurde der Bank ja wirksam übertragen), sondern nur in wirtschaftlicher Hinsicht: vor dem Hintergrund der Herkunft des Geldes und wegen der Verpflichtung, die Darlehenssumme bzw. Spareinlage bei Fälligkeit zurückzuzahlen. *Darin* liegt der entscheidende Unterschied zwischen Fremd- und Eigenkapital.

[39]Anders jedoch die sehr kreative terminologische Praxis einiger im deutschen Sprachraum publizierender Banken (soeben illustriert am Beispiel der Deutsche Bank AG). Sogar von der Deutschen Bundesbank wird diese Terminologie als möglich und vertretbar hingenommen (vgl. www.bundesbank.de/Navigation/DE/Aufgaben/Bankenaufsicht/Leverage_Ratio/ leverage_ratio.html).

[40]Wenig überzeugend ist die letztlich wohl auf einer unzulässigen Gleichsetzung von „harter *Kern*kapitalquote" mit „Eigenkapitalquote" beruhende Einschätzung von Görner A (2016, S. 103), dass die Kernanforderungen, die in der CRR für die Anerkennung eines Kapitalinstruments als regulatorisches Eigenkapital vorgesehen seien, zugleich auch „die die Nachhaltigkeit konkretisierenden Kriterien der Stabilität, der Fähigkeit zur Selbstregeneration sowie der Langfristigkeit" erfüllen würden. Wie dünn das Eis in Wirklichkeit ist, zeigen zum einen die von Volkerts-Landau, Chefvolkswirt der Deutsche Bank AG, im Juli 2016 erhobene Forderung nach 150 Mrd. EUR staatlicher Hilfen zur Rekapitalisierung europäischer Banken (vgl. Manager-magazin.de 10.07.2016; Ettel A, Zschäpitz H 12.07.2016) und zum anderen die mit großer Eile unternommenen Bemühungen der Bundesregierung, deutschen Banken die aufgrund ihrer gegenwärtigen Kapitalausstattung nur sehr schwer zu erfüllenden zusätzlichen Eigenkapitalanforderungen zu ersparen, die sich mittelbar aus einem Urteil des Bundesgerichtshofs vom 09.06.2016 (IX ZR 314/14) ergeben. In diesem Urteil hatte der Insolvenzrechtssenat des höchsten deutschen Zivilgerichts durchblicken lassen, dass die Insolvenzfestigkeit einiger bankenüblicher Nettingvereinbarungen möglicherweise nicht durch § 104 Abs. 2 und 3 InsO gedeckt sei und deshalb u. U. ganz oder in Teilen an § 119 InsO scheitern könne. In Reaktion auf dieses Urteil strebt die Bundesregierung eine die Rechtsansicht des Bundesgerichtshofs möglichst schnell obsolet machende Änderung des § 104 InsO an (vgl. BMJV 2016; auch ZInsO-Dokumentation 2016, S. 1627, 1629 ff.). Notwendigkeit und Dringlichkeit dieses Gesetzgebungsprojekts werden in einem „an alle zu beteiligenden Verbände und Fachkreise" gerichteten Schreiben des Bundesministeriums der Justiz und für Verbraucherschutz (BMJV) vom 26.07.2016, Aktenzeichen RA6 3760/21-R3

meist deutlich unter 5 % kann eine Bank nach den Regeln der Mathematik Renditen erwirtschaften, die sich zu guten Zeiten werbewirksam in zweistelligen
Prozentzahlen[41] ausdrücken lassen, die ihrerseits, jedenfalls soweit sie als zufrie-
denstellend empfunden werden, für die Höhe der Vorstandsvergütungen von einiger Bedeutung sind.[42] Führt das kreditfinanzierte Investment hingegen zu einem
Verlust und dieser zum Zusammenbruch der Bank, so verliert die Bank zwar ihr
Eigenkapital. Rund zwanzig- bis dreißigmal höher (u. U. sogar noch größer[43]) ist
jedoch die Summe aller Verluste, die auf ihre Kreditgeber entfallen, wenn sie in

---

Fußnote 40 (Fortsetzung)

362/2016, wie folgt begründet: „Ist die Wirksamkeit des Liquidationsnettings nicht gewährleistet, steigen … die Eigenkapitalanforderungen der Banken und die Anrechnungsbeträge
für die Großkreditlimite. Dies kann zur Folge haben, dass die Banken den aufsichtsrechtlichen Mindestanforderungen an das Eigenkapital nicht mehr entsprechen oder dass Großkreditlimite überschritten werden. In diesem Fall muss die Bankenaufsicht einschreiten.
Die Aufsichtsmaßnahmen können von der Anordnung der Reduzierung von Risiken über
die Einleitung von Sanierungsmaßnahmen bis hin zur Aufhebung der Bankerlaubnis oder
Anordnung der Abwicklung der Bank reichen. In der Regel haben derartige Maßnahmen
weitergehende Reaktionen im Markt zur Folge, die im schlimmsten Fall zur Verschlechte-
rung der Lage des betroffenen Instituts und zur Destabilisierung des Finanzsektors beitragen
können" (S. 2/3 ad I.2.; vgl. auch ZInsO-Dokumentation (2016, S. 1628), ebenfalls ad I.2.,
und die Begründung des endgültigen Gesetzentwurfs der Bundesregierung in Bundesrats-
Drucksache 548/16 v. 23.09.2016, S. 5). In demselben Schreiben erwähnt das BMJV die
seitens der deutschen Kreditwirtschaft geäußerte Befürchtung, dass das Urteil des Bundesgerichtshofs wegen der mit ihm verbundenen aufsichtsrechtlichen Folgen nicht nur auf ein-
zelne Institute, sondern auf die gesamte deutsche Finanz- und Realwirtschaft „dramatische
Auswirkungen" haben könne (S. 1 ad I.; vgl. auch INDat Report (2016, S. 6)). Bedenkens-
werte Kritik äußern: Deutscher Notarverein (2016); Paulus C G (2016, S. 1234 f.).

[41]Unvergessen ist die 25 %-Marke, die der Deutsche Bank AG im Februar 2005 von ihrem
damaligen Vorstandsvorsitzenden *Josef Ackermann* vorgegeben und dann vorübergehend
sogar tatsächlich erreicht wurde. Vgl. Heusinger R, Brost M (2015); Meck G (2013); Handelsblatt (27.04.2009). Im Jahr 2014 betrug die Eigenkapitalrendite der Deutsche Bank
AG allerdings nur noch 2,7 % (Deutsche Bank AG. Jahresabschluss und Lagebericht 2014,
S. 9) – und dies bei einer Eigenkapitalquote von weniger als 4 % (s.oben).

[42]Als die im Bankgeschäft erzielten Eigenkapitalrenditen infolge der Finanzmarktkrise
und anderer Widrigkeiten signifikant *zurückgegangen* waren, fand man sich allerdings sehr
schnell bereit, die Höhe der Vorstandsvergütungen von der Entwicklung der Eigenkapitalrenditen abzukoppeln (DIE WELT v. 21.05.2013, online unter www.welt.de/116363219);
Deutsche Bank AG, Geschäftsbericht 2013, S. 25 f.) mit der Konsequenz, dass die Vorstandsvergütungen *nicht* entsprechend reduziert wurden (vgl. Boerse.ard.de (23.05.2014);
Admati A, Hellwig M 2014, S. 198, zweiter Absatz).

[43]Vgl. die in Abschn. 3.2 enthaltenen Hinweise zu den *echten* – also nicht via „Risikogewichtung" künstlich aufgehübschten – *Eigenkapitalquoten* der Banken.

der Insolvenz der Bank leer ausgehen. Und wenn eine Bank dann noch sicher sein kann, dass der Staat sie im Ernstfall mit Steuermitteln retten wird (oder sich für ihre Kreditaufnahmen sogar unbeschränkt verbürgt[44]), agiert sie innerhalb eines Anreizsystems, das zur Inkaufnahme von Risiken, deren Höhe in keinem vertretbaren Verhältnis zur dürftigen Eigenkapitaldecke steht, geradezu einlädt.[45]

3.3 Bewertung und Reformvorschläge

Das beschriebene Anreizsystem ist noch immer harte Realität und vermutlich sogar der wichtigste Auslöser von Finanzmarktkrisen. Denn es animiert die Akteure des Finanzmarkts zur Verfolgung und rechtspolitischen Verteidigung von Geschäftsmodellen, bei denen aus übertriebenem Profitstreben (Abschn. 3.2) und mit im Ernstfall verheerenden Konsequenzen (Abschn. 3.1) zumindest hilfsweise auch die Interessen Dritter und das Gemeinwohl zum Wetteinsatz gemacht werden. Solche strategischen Risikoexternalisierungen sind in einem Gemeinwesen, das auf sich hält, nicht zu tolerieren. Niemandem würde man es gestatten, auf einem Fundament, dessen Statik für eine innerstädtische Lagerhalle ausgelegt wurde, einen Wolkenkratzer zu errichten. Ebenso wenig darf es den Akteuren des Finanzmarkts erlaubt werden, ihre teils hochgefährlichen Geschäfte, die allein schon bei der Deutsche Bank AG zu einem mit nur 3,5 % Eigenkapital unterlegten (Abschn. 3.2), aber mit allen finanzmarktüblichen Risiken behafteten Gesamtportfolio in Höhe von aktuell 56,3 %[46] des deutschen Bruttoinlandsprodukts geführt haben, auf dem schwachen Fundament einer Eigenkapitalausstattung zu tätigen, die nicht annähernd die Eigenkapitalquote erreicht, die in anderen Wirt-

---

[44]Nach Geinitz C, Frühauf M (2015) soll das österreichische Bundesland Kärnten „die Expansion der Hypo Alpe Adria mit Bürgschaften (unterstützt haben), die in der Spitze mit 25 Mrd. EUR mehr als das Zehnfache des Landeshaushalts ausmachten". Mit der Haftung des Landes Kärnten für Verbindlichkeiten der Hypo Alpe Adria befasst sich der am 02.12.2014 erschienene Wiener „Bericht der unabhängigen Untersuchungskommission zur transparenten Aufklärung der Vorkommnisse rund um die Hypo Group Alpe-Adria" auf, 11 ff. (Rn. 135 ff.), www.untersuchungskommission.at/pdf/BerichtHypo-Untersuchungs-kommission.pdf.

[45]In der Beurteilung übereinstimmend Deutsche Bundesbank, Geschäftsbericht (2014, S. 18): „Im Kern kann dies dazu führen, dass solche Banken übermäßige Risiken eingehen und damit zu einer Gefahr für die Finanzmarktstabilität werden können." Mit drastischeren Formulierungen in dieselbe Richtung argumentierend Admati A und Hellwig M (2014, S. 259. Vgl. auch Schäfer D (2011, S. 11, 13).

[46]Quelle: Ettel A, Zschäpitz H (04.07.2016), 2.

schaftszweigen als normal angesehen wird. Öffentlichkeit und Politik für diese Einsicht zu sensibilisieren, war vermutlich das Anliegen des im Jahr 2008 zu einiger Berühmtheit gelangten Weckrufs des damaligen Bundespräsidenten und früheren Geschäftsführenden Direktors des Internationalen Währungsfonds (IWF) Horst Köhler. Mit drastischen Worten, aber in der Sache zutreffend sagte Köhler damals in einem Interview, dass sich der Finanzmarkt infolge einer „Überkomplexität" der Finanzprodukte und der Möglichkeit, „mit geringstem eigenem Haftungskapital große Hebelgeschäfte in Gang zu setzen", zu einem „Monster" entwickelt habe, das durch Erhöhung der Eigenkapitalanforderungen, strenge Aufsicht und andere geeignete Maßnahmen „in die Schranken verwiesen" werden müsse.[47] Schaut man etwas genauer auf die nachfolgende öffentliche Diskussion, besteht Grund zu der Annahme, dass Köhlers pointierte Äußerung bei einigen mittelgroßen Banken, Volksbanken und Sparkassen, deren Interessen mit denen „systemrelevanter" Großbanken nicht immer deckungsgleich sind,[48] vielleicht sogar auf ein wenig Sympathie gestoßen sein könnte.[49]

Um dem Finanzmarkt die zum Schutz der Allgemeinheit erforderliche Stabilität zurückzugeben, bedarf es wesentlich stärkerer Anstrengungen als nur der Implementierung der noch immer viel zu niedrigen Eigenkapitalanforderungen, die in Basel III formuliert wurden (s. o. Abschn. 3.2). Konsequent wäre es, den Geschäftsbanken und allen vergleichbaren Finanzmarktteilnehmern (insbesondere

---

[47]Wörtliche Zitate aus Handelsblatt (14.05.2008). Vgl. auch Frankfurter Allgemeine (15.05.2008), S. 11; Fokus Online (14.05.2008); Süddeutsche Zeitung (17.05.2010). Die erwähnten Äußerungen des damaligen Bundespräsidenten wenig überzeugend zurückweisend der damalige Vorstandsvorsitzende der Deutsche Bank AG (Frankfurter Allgemeine 15.05.2008).

[48]Das zeigte sich u. a. in der rechtspolitischen Diskussion über die Kriterien für die Bemessung der Bankenabgabe (vgl. den Bericht in presse-rundschau.de v. 22.07.2014, http://presse-rundschau.de/banken-abgabe-sparkassen-wollen-nicht-fuer-grossbanken-haften/). Diese von den Banken nach einem festgelegten Berechnungsschlüssel zu leistende Abgabe (dazu Brandt F, Güth S 2016) fließt in einen Restrukturierungsfonds, der 2011 „als Lehre aus der Finanzmarktkrise zur zukünftigen Finanzierung möglicher Schieflagen durch Banken ins Leben gerufen" wurde und dem „Schutz des Steuerzahlers" dienen soll (Pressemitteilung der Bundesanstalt für Finanzmarktstabilisierung v. 06.11.2014, abrufbar unter www.fmsa.de/de/presse/pressemitteilungen/2014/20141106_pressemitteilung_fmsa.html). Die Zielgröße für das Gesamtvolumen des Fonds beträgt 70 Mrd. EUR (vgl. www.bundesbank.de/Redaktion/DE/Glossareintraege/R/restrukturierungsfonds.html). Zugriffe jeweils am 07.09.2016.

[49]Wenig überzeugend sind hingegen die in der Frankfurter Allgemeine (15.05.2008) publizierten Ausführungen des damaligen Vorstandsvorsitzenden der Deutsche Bank AG.

den „systemrelevanten"[50]) jede Kreditvergabe und sonstige Geldanlage, die nicht zu 100 % durch Eigenkapital gedeckt ist,[51] kategorisch zu verbieten und dieses Verbot mit einer Verwirklichung des sog. Vollgeldprinzips zu verbinden, dessen Ziel von seinen Protagonisten[52] in der Zurückdrängung der überbordenden[53] Geldmengenvermehrung durch Geschäftsbanken[54] und andere Finanzmarktteilnehmer (sog. Schattenbanken)[55] gesehen wird. Zumindest jedoch dürfte den Finanzmarktteilnehmern keine niedrigere Eigenkapitalquote erlaubt werden als diejenige, die bei gesunden Unternehmen der Realwirtschaft üblich ist. Diesem Anliegen entspricht der Vorschlag einiger Ökonomen, dem Bankensektor eine Erhöhung der trotz Basel III noch immer viel zu niedrigen (Abschn. 3.2) Eigenkapitalquote auf

---

[50]Wer als „too big to fail" angesehen und deshalb notfalls mit öffentlichen Mitteln gerettet werden möchte, sollte sich nicht wundern, wenn aus eben diesem Grunde *zunächst einmal ihm selbst* entsprechende Sicherheitsvorkehrungen abverlangt werden. Aus wettbewerbsrechtlichen Gründen werden diese dann aber wohl auch solchen Finanzmarktteilnehmern auferlegt werden müssen, die im Ernstfall nicht auf staatliche Rettung hoffen dürfen.

[51]Gefordert wird ein solches Verbot nicht nur von den Protagonisten des sog. Vollgeldsystems (dazu sogleich), sondern auch von anderen Ökonomen. Nachweise hierzu bei Huber J (2013, S. 119 ff.).

[52]Für die Einführung eines Vollgeldregimes plädieren insbesondere Huber J (2013); Huber J Vollgeld (Webseite); Mayer T, Huber R (2014); Sigurjónsson F (2015). Kurzberichte hierzu von Mühlbauer P (2015) und Schieritz M (2015), an letztgenannter Stelle zugleich Hinweise auf die Einschätzung deutscher Institutionen. Nicht abgeneigt sind wohl auch einige Forscher des IWF (dazu Storbeck O 2012). Über die weitere Entwicklung der Diskussion berichtet Epoch Times (2016). Besonders agile Protagonisten eines Vollgeldregimes finden sich in Island (insbesondere Sigurjónsson F 2015) und in der Schweiz (vgl. die intensive Öffentlichkeitsarbeit der dortigen Vollgeld-Initiative unter www.vollgeld-initiative.ch/ sowie die Berichte von Haimann R (2014) und Alich H (2016)).

[53]Dazu ausführlich und eindrucksvoll Huber J (2013, S. 11 ff., 67 ff.); vgl. auch Vogl J (2015 Kap. 6, S. 203 ff., 207 ff.).

[54]Für Methode und Produkt der von den Geschäftsbanken in Gang gesetzten Geldvermehrungsmaschine stehen die Begriffe „Giralsystem" und „Girogeld". Nach Ansicht des Vollgeldprotagonisten Huber J (2013, S. 74 ff.) ist das herrschende Giralgeldsystem „Krisenmotor und Schuldenfalle" zugleich.

[55]Geldschöpfung und Liquiditätsbeschaffung haben sich inzwischen weitgehend „vom Bankwesen zu deregulierten Finanzmärkten verschoben" (vgl. Vogl J (2015 Kap. 6, S. 211)).

20 bis 30 % verbindlich vorzuschreiben[56] und zugleich klarzustellen, dass diese Kapitalerhöhung, anders als nach Basel III, nur durch das Stehenlassen von Gewinnen oder durch die Ausgabe neuer Aktien bewerkstelligt werden darf.[57] Der Einwand, die Erhöhung der Eigenkapitalquote sei im Vergleich zur Aufnahme von Krediten viel zu teuer,[58] erscheint wenig plausibel.[59] Zudem wird von denen, die ihn erheben, meist verschwiegen, dass die geringen Zinssätze, die Banken für aufgenommene Kredite zu zahlen haben, u. a. auf der ausdrücklichen oder impliziten Bankenrettungszusage des Staates[60] sowie nicht selten auch auf strategischen Zinsentscheidungen der Europäischen oder anderer Zentralbanken[61] beruhen und

[56]Vgl. Admati A, Hellwig M (2014, S. 281, 343 ff.); ähnlich der frühere Chefökonom des IWF Simon Johnson in einem 2011 geführten und unter www.taz.de/!69090/ abrufbaren taz-Interview: „Wenn das Finanzsystem sicher sein soll, muss das Eigenkapital bei 20 bis 45 % der Bilanzsumme liegen." Eine „signifikante" Erhöhung der Eigenkapitalanforderungen forderte kürzlich auch der amerikanische Ökonom Barry Eichengreen in einem Gespräch mit Storn A (16.07.2015).

[57]Vgl. Admati A, Hellwig M (2014, S. 272 ff., 340 ff.)

[58]Vgl. die bei Admati A, Hellwig M (2014, S. 26 ff., 157 ff.) Genannten. In dieselbe Richtung gehen die in der FAZ (04.10.2014) zitierte Bemerkung von Dombret (Deutsche Bundesbank), Eigenkapital sei zwar die beste Versicherung, aber „sehr teuer", sowie die von Obertreis R (2016) wiedergegebenen Äußerungen von Kemmer (Bundesverband Deutscher Banken) und Jerzembek (Bundesverband Öffentlicher Banken).

[59]Überzeugend die diesbezügliche Kritik von Admati A, Hellwig M (2014, 163 ff.) mit dem ergänzenden Hinweis auf 220 ff., dass die bestehenden steuerrechtlichen Verschuldungsanreize im Zusammenhang mit dem Ruf nach einer Erhöhung der Eigenkapitalquote eher kontraproduktiv wirken.

[60]Zutreffend Admati A, Hellwig M (2014, S. 125 ff., 214 ff., 226 ff.); zum Unterschied zwischen expliziten und impliziten Staatsgarantien ebd. S. 215 f., 219 f.

[61]Zumindest „auch" der Stützung schwächelnder Banken und Staaten dient es, dass die EZB den Zinssatz, zu dem sie den Geschäftsbanken Geld zur Verfügung stellt, am 10.09.2014 auf 0,05 % und am 10.03.2016 mit Wirkung ab 16.03.2016 sogar auf Null reduziert hat und dass sie seit März 2015 in bisher beispiellosem Umfang europäische Staatsanleihen aufkauft. Dies pointiert als „fiskalische Umverteilungspolitik zur Rettung von Zombiebanken und fast konkursreifen Staaten" charakterisierend Sinn H W (Frankfurter Allgemeine 11.03.2016); für die japanische Geldpolitik in dieselbe Richtung denkend Sinn H W (2016): Der lockeren japanischen Geldpolitik gehe es „darum, die Entwertung des Kapitals der Vermögensbesitzer und den Zusammenbruch von Banken und Unternehmen zu verhindern." Vgl. auch Fischer M (2014); Admati A, Hellwig M (2014, S. 217 ff.); Huber J (2013, S. 217). Auch in der Deutschen Bundesbank scheint man die EZB-Maßnahmen primär als „Rettungspakete für klamme Banken" anzusehen (Bericht Obertreis R 2014; Badische Zeitung 13.11.2014). Der für die Bankenaufsicht zuständige Bundesbank-Vorstand Andreas Dombret soll sich gegenüber einem bekannten Nachrichtenmagazin (DER SPIEGEL 2016, S. 74, 76) wie folgt geäußert haben: Probleme des Finanzsektors seien „verschleppt" worden. Es habe in Europa „keine strukturelle Marktbereinigung" gegeben; viele Banken hätten überlebt, „weil sie am Tropf der EZB hängen. ... Diese Zombifizierung (müsse) einmal ein Ende haben".

insoweit selbstverständlich nicht in eine Vergleichsrechnung eingespeist werden dürfen, die bei der Erarbeitung allgemeiner Vorschriften zum Thema „Eigenkapitalanforderungen" Berücksichtigung finden soll. Auch geht es nicht an, bei der Bemessung der den Banken (auch den sog. Schattenbanken[62]) aufzuerlegenden Eigenkapitalquote die enormen gesamtwirtschaftlichen und gesamtgesellschaftlichen Schäden[63] außer Acht zu lassen, die durch Banken, deren Eigenkapitalausstattung weniger als 5 % ihrer Investitionen beträgt (s. o. Abschn. 3.2), mit sehr viel größerer Wahrscheinlichkeit verursacht werden als durch Finanzinstitute, deren Eigenkapitalquote in etwa derjenigen entspricht, die bei Großunternehmen der Realwirtschaft als normal[64] angesehen wird. Eine Bank, der es nicht gelingt, ihre Eigenkapitalbasis zumindest annäherungsweise an die Eigenkapitalquoten gesunder Unternehmen der Realwirtschaft heranzuführen, muss sich fragen lassen, ob sie überhaupt über ein gemeinverträgliches Geschäftsmodell verfügt.[65] Sollte dies nicht der Fall sein, sollte sie die marktwirtschaftlich gebotenen Konsequenzen ziehen. Viele der teils hochintelligenten jungen Menschen, die bisher durch besonders lukrative Angebote des Finanzsektors unmittelbar nach dem Schul- oder Hochschulabschluss vom Arbeitsmarkt abgesaugt wurden, würden sich dann von vornherein produktiveren Wirtschafts- oder Forschungsbereichen zuwenden. Die Reduzierung der gegenwärtig zu beobachtenden Fehlallokation menschlicher Tatkraft und Intelligenz wäre vermutlich ein sehr positiver Nebeneffekt des hoffentlich irgendwann einmal ernsthaft unternommenen Versuchs, allen Banken, Schattenbanken und Geldmarktfonds Eigenkapitalanforderungen aufzuerlegen, die dem Sicherheitsbedürfnis der Allgemeinheit wirklich gerecht werden (so auch Admati A und Hellwig M 2014, S. 302 ff.).

Richtig ist allerdings, dass durch eine Erhöhung der Eigenkapitalanforderungen, selbst wenn man diese mit einem Übergang zum sog. Vollgeldprinzip kombinierte (Vorschlag Huber J 2013, S. 74 ff., 119 ff.), nicht alle Fehlanreize beseitigt werden können, denen die Akteure des Finanzsystems ausgesetzt sind. Da eine Bank nicht selbst, sondern durch menschliche Entscheidungsträger agiert, ist es

---

[62]Zum Thema „Schattenbanken" vgl. www.bundesbank.de/Navigation/DE/Service/Glossar/_functions/glossar.html?lv2=32052&lv3=107522#107522 (Zugriff am 19.09.2016).

[63]Dazu ausführlich und lesenswert Admati A, Hellwig M (2014, S. 230, 295 f., 333 ff., 337 ff.).

[64]Die übliche Eigenkapitalausstattung deutscher Großunternehmen der Realwirtschaft beträgt aktuell meist mehr als 25 %. Vgl. hierzu KFW-Research (2009) und Deutsche Bundesbank (Dezember 2013). Aktuellere Zahlen finden sich bei Creditreform (2016, S. 18 ff.).

[65]Auch dazu Andreas Dombret gegenüber (DER SPIEGEL 2016, S. 74, 76). Vgl. ergänzend Dombret A (2013); Hesse M, Mahler A, Reiermann C (2016, S. 74, 76 ff.).

unbedingt nötig, auch in Bezug auf die eigentlichen Entscheidungsträger, nämlich die für die Bank handelnden Menschen, ein Anreizsystem zu installieren, das die Elemente Herrschaft und Risikotragung näher als bisher zusammenführt.[66] Dies ist jedoch ein Thema, das einer gesonderten Untersuchung vorbehalten bleiben muss. Dabei werden sowohl die Kriterien für die Bemessung erfolgsabhängiger Boni[67] als auch grundlegende Haftungsfragen bis hin zu verschuldensunabhängigen Risikobeteiligungsmodellen in den Blick zu nehmen sein, bei deren konkreter Ausgestaltung dann allerdings darauf zu achten wäre, dass es nicht darum gehen kann, die für die Bank handelnden Menschen ohne Rücksicht auf Verschulden dem Risiko eines totalen Vermögensverlusts auszusetzen (was vermutlich auch die Bereitschaft zur Tätigung *seriöser* Finanzgeschäfte erlahmen lassen würde), sondern nur darum, sie in zwar bescheidenem, aber zur Verhinderung unseriöser Finanzgeschäfte im Regelfall ausreichenden Umfang[68] am Risiko zu beteiligen.

Keinesfalls sollte man es zulassen, dass die Diskussion der oben genannten (und vielleicht auch noch einiger anderer)[69] Verbesserungsmöglichkeiten als Ablenkungsmanöver benutzt wird, um die Diskussionsbereitschaft und den Reformeifer primär auf diese aus Bankensicht vergleichsweise kostengünstigen Themenfelder zu beschränken und dabei die sehr viel dringendere, bei Banken aber extrem unbeliebte[70] Erhöhung der Eigenkapitalanforderungen aus den Augen zu verlieren. Die 2011 eingeführte „Bankenabgabe" ist in diesem Zusam-

---

[66]In der Grundtendenz übereinstimmend Admati A, Hellwig M (2014, S. 322, 323 ff.); andeutend auch Binder J H (2016a, S. 229, 251).

[67]Dazu Admati A, Hellwig M (2014, S. 196 ff., 198 ff., 200 ff.); Schröder U (2016).

[68]Beispielsweise könnte man daran denken, die im Text angedachte verschuldensunabhängige Haftung der eigentlichen Entscheidungsträger (Menschen) auf die Summe oder einen bestimmten Prozentsatz der von ihnen während der letzten 5 oder 10 Jahre vereinnahmten Boni zu begrenzen.

[69]Einige weitere Ursachen der Finanzmarktkrise, deren vorbeugende Berücksichtigung jedoch den Rahmen des vorliegenden Beitrags sprengen würde, werden thematisiert bei Marotzke W (2009, S. 763 f.). Einen Überblick zu aktuellen Reformbemühungen bietet Pötzsch T (2015).

[70]Vgl. Admati A, Hellwig M (2014, S. 258 f.) sowie die aktuellen Berichte von Storn A (2016, S. 24), Buchter H, Nienhaus L, Storn A (2016, S. 19, 20) und Obertreis R (2016).

menhang nicht viel mehr als der berühmte Tropfen auf dem heißen Stein,[71] und auch die Einführung einer Finanztransaktionssteuer, die bisher am Widerstand interessierter Kreise scheiterte,[72] wäre zwar ein guter Anfang, aber für sich allein nicht ausreichend. Mit besonderer Vorsicht zu genießen sind die seit einiger Zeit unternommenen Anstrengungen zur Entwicklung eines Reorganisations-, Sanierungs- und Abwicklungsrechts für *bereits insolvente* oder sich bereits in akuter Insolvenz*gefahr* befindende Banken.[73] Solche rechtspolitischen Aktivitäten, die für sich genommen durchaus sinnvoll sein mögen, aber thematisch weit am Ende der zu bewältigenden Krisenproblematik liegen, können allzu leicht von der Erkenntnis ablenken, dass Vorbeugen fast immer besser ist als Heilen.[74] Viel dringender als die Durchführung solcher hochkomplizierter und für systemrelevante Großbanken dennoch vergleichsweise bequemer, weil ihre Aussicht auf *staatlich* finanzierte Rettungsaktionen vermutlich auch in Zukunft nicht wesentlich beeinträchtigender[75] Reformen[76] ist die Schaffung eines effektiven Insolvenz*vermei-*

---

[71]Diese von den Banken nach einem festgelegten Berechnungsschlüssel zu leistende Abgabe fließt in einen Restrukturierungsfonds, der 2011 „als Lehre aus der Finanzmarktkrise zur zukünftigen Finanzierung möglicher Schieflagen durch Banken ins Leben gerufen" wurde und dem „Schutz des Steuerzahlers" dienen soll (Bundesanstalt für Finanzmarktstabilisierung 06.11.2014). Eingezahlt wurden bis 2014 lediglich 2,3 Mrd. EUR (Quelle: wie vor), also ein Betrag, der die sehr viel höheren Kosten, die der Staat allein schon für die Rettung des HRE aufwenden musste (s. o. Abschn. 3.1), nicht annähernd erreicht. Die Zielgröße für das Gesamtvolumen des Fonds beträgt 70 Mrd. EUR (vgl. www.bundesbank.de/Redaktion/DE/Glossareintraege/R/restrukturierungsfonds.html). Weitere, teils auch aktuellere Informationen finden sich bei Brandt F, Güth S (2016) sowie unter www.fmsa.de/de/kreditinstitute/UmlageNAB/ und www.fmsa.de/de/kreditinstitute/Bankenabgabe/. (Zugriff jeweils am 07.09.2016).

[72]Vgl. dazu https://de.wikipedia.org/wiki/Finanztransaktionssteuer sowie den aktuellen Bericht der Frankfurter Allgemeine (23.07.2016). Gegenwärtig scheinen allerdings die Befürworter dieser Steuer die Oberhand zu gewinnen; ihre Einführung zumindest in einigen europäischen Staaten erscheint plötzlich möglich (Kißler A 2016).

[73]Dazu Binder J H (2015a, S. 83 ff.); Binder J H (2015b, S. 153 ff.); Binder J H (2016b, S. 163 ff.); Cichy P, Schönen S (2016, S. 197 ff.); Callies C, Schoenfleisch C (2015); Steck A, Petrowsky J (2015).

[74]Sollte das neue Sanierungs- und Abwicklungsregime für Banken tatsächlich „gesetzgeberisches Herzstück" der Funktionserhaltung und der Selbstheilung der Finanzmärkte sein (in diesem Sinne Bauer D, Schuster G (als Autoren) 2016, S. 1, 3) und bleiben, also darüber hinaus nichts oder nur wenig geschehen, wäre die Reform auf halbem Wege stehen geblieben.

[75]Vgl. Hellwig M (2014); Stürner R (2015).

[76]Die Praktikabilität solcher Reformen mit einer gehörigen Portion Skepsis beurteilend auch Binder J H (2015a, S. 83, 120 f., 130, 132 f.); Binder J H (2015b, S. 153, 155 f., 163 ff.); Binder J H (2016b, S. 163, 169 ff., 192 ff.); Steck A, Petrowsky J (2015); Stürner R (2015). Vgl. auch die sehr zurückhaltende Bewertung durch Cichy P, Schönen S (2016, S. 197, 210 f., 223 f., 225 ff.).

*dungs*rechts, das auch diejenigen Banken, die gegenwärtig noch hohe Gewinne erzielen, nachhaltig sicherer macht, als sie es zurzeit sind, und auf diese Weise die Allgemeinheit besser als bisher vor den massiven Zumutungen schützt, die mit Banken- und Finanzmarktkrisen einherzugehen pflegen.

3.4   Fazit

Die Betrachtung des Ist-Zustands hat gezeigt, dass das Postulat des Gleichlaufs von Herrschaft und Risikobeteiligung, welches man gegenüber darlehensgebenden Gesellschaftern via §§ 39 Abs. 1 Nr. 5, 135 Abs. 1 InsO mit größtmöglicher und mitunter sogar überzogener[77] Härte in Stellung zu bringen pflegt (Kap. 2 Abschn. 2.2), gegenüber Banken und anderen Akteuren der Finanzwelt nur in homöopathischen Dosen angewendet wird[78] – obwohl es gerade hier, wie gezeigt, ganz besondere Beachtung verdient hätte.

---

[77]Näheres bei Marotzke W (2016, S. 24 f. (samt Fn. 27), 29 ff.).

[78]Dies kritisieren auch Admati A, Hellwig M (2014, S. 103, 127 ff., 230 f., 259, 333 ff., 347).

Herrschaft, Risiko und Verantwortung beim Zugriff auf natürliche Lebensgrundlagen

4

In der Tiefe des Weltraums begegnen sich zwei Planeten. Nach kurzer Begrüßung sagt der eine: „Mir ist ganz schlecht, ich habe homo sapiens." Der andere weiß Trost: „Das hatte ich auch schon mal, es ging aber schnell vorüber."

Dieses nicht eigener, sondern fremder Fantasie entsprungene interplanetarische Zwiegespräch[1] enthält nicht nur einen kräftigen Schuss schwarzen Humors, sondern es bietet auch einen stimmigen Hintergrund für das nun zu behandelnde Thema. Im Kern geht es um die Frage, ob es den heute Lebenden gelingen kann, das vom Trost spendenden Planeten thematisierte Schicksal der Menschheit rechtzeitig zum Besseren zu wenden.

Die dafür relevanten Anreizsysteme sind suboptimal: Nicht nur bei Verhaltensweisen, die sich negativ auf die wirtschaftlichen (Kap. 3) Rahmenbedingungen menschlicher Lebensgestaltung auswirken können, sondern auch bei der Art und Weise des Umgangs mit den natürlichen (Kap. 4) Lebensgrundlagen der Menschheit fehlt es meist an einer hinreichend verhaltenssteuernden Selbstbetroffenheit oder zumindest Haftung der Akteure. Die Konsequenzen dieses Mangels sind heute um ein Vielfaches gravierender als zu Zeiten, in denen dem Menschen hochgefährliche biologische und chemische Substanzen, das Weltklima verändernde Produktionsmethoden, Kernkraftwerke und Atomwaffen noch nicht verfügbar waren. Auf dem Spiel stehen heutzutage mehr denn je sowohl die natürlichen Lebensgrundlagen

---

[1]Vgl. Frankfurter Rundschau (14.03.2013) und Finke E (2006). Auf einer ähnlichen Denkweise beruht der dem früheren US-Präsidenten John F. Kennedy zugeschriebene und dabei zugleich – vermutlich von May E R (1988, S. 27) – ins Deutsche übersetzte Satz: „Das Leben auf anderen Planeten ist erloschen, weil die Wissenschaftler dort unseren voraus waren."

© Springer Fachmedien Wiesbaden GmbH 2017
W. Marotzke, *Risikobeteiligung und Verantwortung als notwendige Machtkorrektive*, essentials, DOI 10.1007/978-3-658-16698-4_4

gegenwärtig lebender Menschen als auch die natürlichen Lebensgrundlagen künftiger Menschengenerationen.[2]

4.1   Lebensgrundlagen gegenwärtiger Menschen

Es ist allgemein bekannt, dass die modernen Industrienationen durch die Art und Weise ihres Umgangs mit den natürlichen Ressourcen des Erdballs Ursachenketten in Gang setzen, die bereits jetzt eine kontinuierliche Vergrößerung lebensfeindlicher Sandwüsten (mit entsprechender Verringerung der Nahrungsmittelanbaufläche der dort lebenden Menschen) und einen stetigen Anstieg des Meeresspiegels (mit der Konsequenz des Untergangs vieler bewohnter Küstenregionen, Inseln und Inselstaaten[3]) zur Folge haben. Für die Bewohner Nordeuropas scheint dieser Sachverhalt, zumindest auf kurze Sicht,[4] einigermaßen unproblematisch zu sein – ein ebenso verbreiteter wie gefährlicher intellektueller Selbstbetrug, der im Fall eines ungezügelten „Weiter so" auch Europa irgendwann nicht nur mit erheblichen Klimaveränderungen auf eigenem Gebiet, sondern bereits Jahre zuvor mit einem massiven Einwanderungsdruck

---

[2]Dies thematisieren sehr eindringlich die meisten der nachfolgend zitierten Autoren und auch Franziskus, Papst der römisch-katholischen Kirche, in seiner nicht nur für gottesgläubige Katholiken, zu denen der Verf. dieser Zeilen nicht gehört, sondern auch für Außenstehende lesenswerten *Enzyklika Laudato Si´, Über die Sorge für das gemeinsame Haus,* 2015, in diesem essential zitiert als Franziskus (2015).

[3]Dazu aus völkerrechtlicher Sicht Bergmann N (2016) mit Ausführungen zum Klimawandel im Allgemeinen (S. 11 ff., 17 ff.), zu den Konsequenzen für dort näher bezeichnete Inselstaaten (S. 22 ff.) und im Anschluss exemplarisch zur Insel Tuvalu (S. 26 ff.). Aus naturwissenschaftlicher und philosophischer Perspektive wird das Thema angegangen von dem Klimaforscher und Leiter des Potsdam-Instituts für Klimafolgenforschung Schellnhuber H J (2015a, S. 149 ff., 155 ff., 668 ff.); vgl. auch Schellnhuber H J (2015b).

[4]Aber wie lange noch? Vgl. dazu Umweltbundesamt (Monitoringbericht 2015); Umweltbundesamt (Presseinformation Nr. 19/2015); Schellnhuber H J (2015a, S. 383 ff.) sowie die vor dem Hintergrund der ungewöhnlich heftigen Unwetter im Sommer 2016 angestellten Überlegungen von Lüdemann D, Schadwinkel A, Loos A (2015), Behrens C (2016) und Staeger T (2016).

durch verzweifelte und deshalb zu Vielem bereite Klimaflüchtlinge[5] konfrontieren und dabei zu Problemen führen wird, die wesentlich gravierender[6] sein werden als die Frage des richtigen Umgangs mit den gegenwärtig in großer Zahl nach Europa strömenden (Lobenstein C und Wahl L 2016) Kriegs- und Armutsflüchtlingen, von denen zumindest einige noch über eine, wenn auch unsichere, Rückkehrperspektive[7] verfügen. Während die Bewohner Europas und Nordamerikas sowie die Bewohner einer zunehmenden Zahl unserem Vorbild folgender anderer Länder durch eine immer bequemer zu erlangende Befriedigung explodierender Konsumbedürfnisse zu profitieren glauben, treffen die enormen Umweltschäden, die durch Kohlekraftwerke, durch eine (in großem Umfang auch von *europäischen* Unternehmen veranlasste) Abholzung tropischer Regenwälder und durch viele andere klimaschädliche Produktions- und Vergnügungsprozesse verursacht werden, vorerst nicht so sehr die verursachenden Staaten, sondern zunächst einmal vor allem die Bewohner afrikanischer und asiatischer Steppen- und Küstengebiete. Vorerst nicht in Europa, sondern auf anderen Kontinenten verwandeln sich fruchtbare Böden in trockene Wüsten und dicht bewohnte Küstenregionen in Unterwasserlandschaften. Von einer Symmetrie von Herrschaft und Risikotragung kann in diesen für viele Menschen existenziellen Zusammenhängen keine Rede sein.

---

[5]Mögliche Zusammenhänge zwischen Wirtschaftswachstum, Klimaveränderungen, Migration, Flucht, Gewalt, Werteverfall und Krieg werden facetten- und kenntnisreich erörtert von Schellnhuber H J (2015a), S. 668 ff. (Benennung der von nachteiligen Klimaveränderungen aktuell betroffenen Regionen), 678 ff. (Zahlenmaterial zum Umfang der Klimamigration), 683, 691 (Hinweis auf potenziell gesteigerte Gewaltbereitschaft der durch Klimaveränderungen ihres Lebensraums Beraubten), 683 ff. (zu möglichen Zusammenhängen zwischen Klimaveränderungen einerseits und zwischenmenschlichen bzw. zwischenstaatlichen Konflikten andererseits), 685 f. (Klimakriege), 687 f. (Syrien), 688 f. (hier ein durch valide amtliche Quellen belegter Hinweis auf die Einschätzung westlicher Militärstrategen, dass der Klimawandel ein „unmittelbares Risiko für die nationale Sicherheit" sei), 691 f. (Thesen). Vgl. auch Brost M, Schieritz M (2016) und Merkel R (2015).

[6]Dazu eindringlich und informativ Schellnhuber H J (2015a, S. 688 ff.) Aufhorchen lässt auch die vom Verteidigungsministerium der USA vorgenommene Einstufung des Klimawandels als Gefahr für die nationale Sicherheit; vgl. Department of Defense (2014, S. 1): „Climate change will affect the Department of Defense's ability to defend the Nation and poses Immediate risks to U.S. national security."

[7]Jeder Krieg ist irgendwann einmal zu Ende. Klimabedingte Umweltzerstörungen wie etwa Ausdehnung der Wüsten oder Landverluste durch ansteigende Meeresspiegel sind hingegen, gemessen an menschlichen Maßstäben, endgültig. Deshalb gibt es für Umweltflüchtlinge i. d. R. *keine* realistische Rückkehroption.

Begünstigt werden die heutigen Verhältnisse durch einen jahrtausendealten Gewöhnungsprozess. Denn die Missachtung der vitalen Lebensinteressen weit entfernt lebender und von Person nicht bekannter Menschen ist keine Erfindung der heutigen Zeit, sondern ein geschichtliches Kontinuum. Jeder Historiker weiß, dass spätestens seit der Sesshaftwerdung des Menschen[8] nicht nur eigenmächtige Landnahmen, sondern auch Eroberungskriege und die sich in alle Lebensbereiche erstreckende sonstige Ausbeutung fremder Völker zur menschheitsgeschichtlichen Normalität gehören,[9] wobei auf Täterseite nicht selten Staaten und Gemeinwesen agierten, deren innere Verfasstheit heute als demokratisch, rechtsstaatlich und kulturell hochstehend charakterisiert wird.[10] Vermutlich zu allen Zeiten existierte eine menschliche und mitunter auch religiöse[11] Doppelmoral, die zwischen einem geschützten „Innenbereich" der jeweils normgebenden Gemeinschaft und einem zu Übergriffen einladenden Außenbereich trefflich zu unterscheiden pflegt.[12] Rasant zugenommen hat jedoch in den letzten zweihundert Jahren das

---

[8]Auer M (2009, S. 33). Die Sesshaftwerdung des Menschen ging einher mit der Umstellung ehemals ortsungebundener Sammler und Jäger auf Bodenbewirtschaftung durch Aussaat, Ernte und Vorratshaltung.

[9]Ein besonders trauriges Kapitel stellt die *Versklavung* dar, die ebenfalls eine sehr lange Tradition hat und in unterschiedlichsten Erscheinungsformen noch heute vorkommt. Vgl. etwa Brockhaus Bd. 20 (1993, S. 356 ff.) Stichwort „Sklaverei"; Finkenauer T (Hrsg.) (2006); Finkenauer T (2010); Klees H (1975); Klees H (1998) sowie zu aktuelleren, noch heute anzutreffenden Begebenheiten Germund W (2014) – Textilindustrie in Asien; Fähnders T (2014) – Sklaverei in Thailand; Schmidt U (2015) – Fischereisklaven in Südostasien; Köckritz A, Petrulewicz B (2016) – nordkoreanische Zwangsarbeiter in Polen; Doris P, Zimmer M (2016) – zur „Ausbeutung in der Lieferkette" sowie zum „Modern Slavery Act" und seiner Anwendung auf deutsche Unternehmen. Gut geeignet als Ausgangspunkt für weitere Recherchen sind auch die den Suchbegriff „Sklaverei" enthaltenden Seiten des Internet-Lexikons Wikipedia.

[10]Vgl. etwa Vorländer H (2014), der unter Gliederungspunkt „Athen – Vorbild für moderne Demokratien?" (Unterabschnitt „Die Grenzen der Polisdemokratie") Sklaven und andere sich nicht im „Vollbesitz politischer Rechte" befindende Bewohner Athens erwähnt.

[11]Man denke etwa an die von manchen Religionen empfohlene schäbige Behandlung von Nicht- und Andersgläubigen.

[12]Schellnhuber H J (2015a) spricht in Kap. 24 seines Buches treffend von einer Diktatur des „Hier", des „Wir" und des „Offenbar" (S. 555 ff.) sowie mit Blick auf die *vertikale* Ebene – also auf das Verhältnis zu Angehörigen *künftiger* Generationen (dazu unten Abschn. 4.2) – von einer Diktatur des „Jetzt" (S. 544, 556). Eine Neigung des Menschen, ihm persönlich bekannte andere Menschen besser zu behandeln als Unbekannte, konstatiert und kritisiert zu Recht auch Birnbacher D (1988, S. 58 ff.).

Ausmaß, in dem Menschen die natürlichen Lebensgrundlagen anderer Menschen beschädigen und letztlich sogar zerstören können. In einer Zeit, in der der Mensch mithilfe seiner zivilen und militärischen Technik den gesamten Erdball innerhalb weniger Generationen, im Extremfall sogar innerhalb weniger Stunden in eine lebensfeindliche Wüste verwandeln kann (s. dazu Abschn. 4.2), bedarf eine Ethik, die sich bisher weitgehend auf die Innenbereiche einzelner Gesellschaften beschränken konnte, dringender denn je der Ergänzung durch (ethische) Normen, die stärker als bisher auch „den Rest der Welt" und letztlich sogar die Zukunft der gesamten Menschheit in den Blick nehmen (Näheres in Abschn. 4.2 und Kap. 5). Nicht von der Hand zu weisen ist die von Denkern unterschiedlichster Couleur vertretene These, dass die Entwicklung menschlicher Weitsicht und Moral mit dem rasanten Zuwachs der technischen Möglichkeiten nur unzulänglich Schritt gehalten habe[13] und deshalb ein für die Menschheit überlebenswichtiger Nachholbedarf bestehe. Ein wichtiger Schritt in dem mühsamen ethischen Reifungsprozess ist, neben vielen diskussionswürdigen Beiträgen anderer nachfolgend zitierter Autoren, der von Hans Küng inspirierte und heute sowohl im Tübinger Weltethos-Institut (www.weltethos-institut.org/) als auch in der Stiftung Weltethos (www.weltethos.org/) institutionell verstetigte Versuch, durch einen Dialog der Religionen und Kulturen[14] die Entstehung eines „Weltethos" und, als Bestandteil dessen, ein „moralisches Handeln in der globalen Wirtschaft" zu fördern.[15] Denn ein moralisches Handeln in der „globalen" Wirtschaft oder, wie die 2015 verkündete päpstliche *Enzyklika Laudato Si*[16] es jetzt nennt und nachdrücklich fordert, eine „Ethik der internationalen Beziehungen" impliziert zweifellos auch die Respektierung der natürlichen Lebensgrundlagen sowohl geografisch

---

[13]Vgl. etwa Jonas H (1987) Kap. 1 ad II. und III.2., III.3., IX. (insbesondere S. 25, 28 ff., 57 f.); Tremmel J (2004, S. 47); Gesang B (2014, S. 19 ff.); Franziskus (2015), Abs. 25, 102 ff. (insbesondere Abs. 105), 110, 162, 165, 194 ff.

[14]Ähnlich Franziskus (2015), Abs. 197: Notwendig sei „eine Politik, deren Denken einen weiten Horizont umfasst und die einem neuen, ganzheitlichen Ansatz zum Durchbruch verhilft, indem sie die verschiedenen Aspekte der Krise in einen interdisziplinären Dialog aufnimmt." Ähnlich ebd. Abs. 201.

[15]Die Formulierungen „Dialog der Kulturen", „Dialog zwischen den Religionen" und „moralisches Handeln in der globalen Wirtschaft" finden sich auf der Homepage des Weltethos-Instituts (www.weltethos-institut.org/). Zur Bedeutung des Weltethos-Gedankens für die Themen „Schöpfungsbewahrung" und „Ökologie" vgl. Kessler H (Hrsg.) (1996).

[16]Franziskus (2015), Abs. 51 Satz 1; vgl. auch ebd. Abs. 63, 188, 197, 199 ff.

weit entfernt lebender *gegenwärtiger* (Abschn. 4.1) als auch zeitlich weit entfernter *künftiger* (Abschn. 4.2) Menschen.[17]

Wer es nicht für einen Tabubruch hält, im Zusammenhang mit Ökonomie von Liebe zu sprechen,[18] darf sogar in (sehr)[19] freier Anlehnung an Friedrich Nietzsches *Zarathustra*[20] sagen, dass es hier wie dort[21] um nicht weniger gehe als um den Versuch, der verhältnismäßig leicht zu praktizierenden Nächstenliebe das

---

[17]In der Bewertung übereinstimmend Biedenkopf K H (2016) auf die Frage nach dem Zusammenhang zwischen europäischem Wirtschaftswachstum und europäischer Einwanderungsproblematik: „Weiteres exponentielles Wachstum in Europa ist im Blick auf Ungleichheiten und Not der Welt unmoralisch. Denn es ist nur zu haben, wenn wir dafür einen wesentlichen Anteil der Ressourcen der Welt beanspruchen. … Wenn wir Europäer die Verantwortung für die Folgen unserer Ausbeutung verweigern, während sich in Afrika als Folge der Klimaerwärmung die Wüsten ausdehnen und das Wasser knapp wird, … und die Afrikaner gleichzeitig sehen können, wie wir in Europa leben, dann wollen sie zu uns kommen." Mit dem Thema „Überwindung des Wachstumszwangs" hatte sich der Befragte bereits vor mehr als drei Jahrzehnten befasst (Biedenkopf K H 1985, S. 127 ff., 169 ff.); der dort entwickelten Sichtweise mit Respekt begegnend der frühere DDR-Dissident Bahro R (1987, S. 22, 49, 58 ff., 65 ff., 71 ff., 84, 87 ff.). Anschauliche Zahlenbeispiele für „exponentielles" Wirtschaftswachstum präsentiert verbunden mit beißender Kritik Miegel M (2010, S. 63). Eine klare Stellungnahme gegen eine auf ständiges Wirtschaftswachstum angewiesene Ökonomie findet sich auch bei Franziskus (2015, Abs. 6, 106, 109, 141, 172, 193 ff.). Vgl. zum Themenkreis „Wirtschaftswachstum und Grenzen desselben" auch unten Abschn. 4.2; Uchatius W (2009); Meadows D H, Meadows D L, Randers J, Behrens III WW (1972); Randers J (2012, Englisch); Randers J (2012, Deutsch); Frankfurter Allgemeine (faz.net v. 07.05.2012); Paech N (2012 ZEIT-ONLINE); Paech N (2015, S. 71 ff., 113 ff.); Ewringmann D, Faber M, Petersen T, Zahrnt A (2012); Hänggi M (2014) und Brost M, Schieritz M (2016).

[18]Für den persönlichen Nahbereich wird das Verhältnis von Liebe und Ökonomie thematisiert von Beck H (2005); Kowitz D, Niejahr E (2014); Niejahr E (2016).

[19]Vgl. die letzten beiden Sätze zu Abschn. 4.1.

[20]*Zarathustra* ist und war keine reale Person, sondern eine von Friedrich Nietzsche in Anlehnung an den altiranischen Religionsstifter *Zoroaster* erschaffene literarische Kunstfigur. Näheres bei Christen F (Hrsg.) (2014), Einleitung, XIII.

[21]Das von Friedrich Nietzsche gesetzte Thema „Fernsten-Liebe" primär auf *künftige* Menschengenerationen fokussierend Hartmann N (1925), Abschn. VII, Kap. 55, S. 484 ff.; Birnbacher D (1988, S. 96); Birnbacher D (2004, S. 21 ff.); Schellnhuber H J (2015a, S. 563) (der jedoch hier und nachfolgend gleichermaßen auch die bereits jetzt „in einem fremden Land" Lebenden einbezieht). Vgl. auch van der Pot J H (1985) Kap. 233 ad C, S. 1043 ff.

deutlich anspruchsvollere Gebot der „Fernsten-Liebe"[22] zur Seite zu stellen.[23] Bezüglich der Erfolgsaussichten eines solchen Unterfangens sollte man sich allerdings keinen Illusionen hingeben.[24] Denn bis heute ist ein signifikanter Rückgang des grenzüberschreitenden Umweltverbrauchs nicht zu verzeichnen, und die gefährliche Gedankenlosigkeit, in der die volkserzieherische[25] Lobpreisung einer menschenverachtenden Geiz-ist-geil-Mentalität[26] zu den erfolgreichsten Methoden kommerzieller Werbung avancieren konnte, ist noch immer weit verbreitet. Wie schwer es ist, hier mit Aussicht auf nachhaltigen Erfolg die richtigen Akzente zu setzen, zeigen nicht zuletzt die Versuche der christlichen[27] Religion, das Gebot

---

[22]Begriff nach Nietzsche F (1883), Bd. 1, S. 84 ff. („Die Reden Zarathustra's", „Von der Nächstenliebe"), online bei www.deutschestarchiv.de/book/view/nietzsche_zarathustra01_1883, wiedergegeben auch bei Colli G, Montinari M (Hrsg.), S. 77 f., in der Edition Holzinger (Neusatz mit einer Biografie des Autors), Berliner Taschenbuchausgabe, 2013, S. 324 und bei Christen F (Hrsg.) (2014, S. 66 f.).

[23]Vgl. Hartmann N (1925) Abschn. VII Kap. 55 S. 484 ff.; Birnbacher D (1988, S. 96); Birnbacher D (2004, S. 21 ff.); Schellnhuber H J (2015a, S. 563); van der Pot J H (1985) Kap. 233 ad C S. 1043 ff. In der Sache weitgehend übereinstimmend Franziskus (2015), Abs. 52, 162, der jedoch unter Berufung auf die ein besonderes Nähe-Verhältnis suggerierende Vorstellung, „dass wir eine einzige Menschheitsfamilie" seien (Abs. 52) bzw. dass „Gott unser gemeinsamer Vater [sei] und dass dies uns zu Brüdern und Schwestern" mache (Abs. 228), an die leichter zu kommunizieren Gebote der Nächstenliebe zu appellieren versucht.

[24]Skeptisch auch Schellnhuber H J (2015a, S. 546 f., 563, 717 f.). Um wie viel schwieriger muss im Vergleich hierzu trotz Franziskus (2015) Abs. 228 die Befolgung der Jesus Christus zugeschriebenen (Matthaeus 5:44; im Internet unter http://bibeltext.com/matthew/5-44.htm) Aufforderung sein, sogar dem *Feind* mit Liebe zu begegnen!

[25]Mit dem Satz „Ich bin doch nicht blöd." appellierte ein übler Werbeslogan der Media-Saturn-Holding GmbH pädagogisierend an das Selbstwertgefühl potenzieller Kunden, um diese gegenüber Angeboten anderer Händler zu immunisieren. Näheres bei https://de.wikipedia.org/wiki/Media-Saturn-Holding und Google (2016).

[26]„Geiz ist geil!" war ein Werbeslogan der Elektronikhandelskette Saturn in Deutschland, Österreich, der Schweiz und anderen europäischen Ländern. Er wurde ab Oktober 2002 im Rahmen einer länger laufenden Werbekampagne in Printmedien, im Rundfunk und im Fernsehen eingesetzt (vgl. WELT.de (12.01.2011); Schwarzmüller S (2007); https://de.wikipedia.org/wiki/Geiz_ist_geil).

[27]Zu den teils übereinstimmenden, teils anders akzentuierten Lehren der jüdischen und der islamischen Religion vgl. Scherbel A (2003), der eine Verpflichtung der jetzt lebenden Menschen zur Rücksichtnahme auf das Lebensrecht und die Interessen *künftiger* Menschengenerationen „theologisch … aus dem Schöpfungsglauben der drei großen monotheistischen Weltreligionen" (Scherbel A 2003, S. 176) ableiten möchte.

der Fernsten-Liebe entweder durch die Aufforderung, sogar den Feind zu lieben
(Matthaeus 5:44; http://bibeltext.com/matthew/5-44.htm), idealisierend zu über-
höhen oder aber es durch die Behauptung, dass alle Menschen Kinder Gottes und
somit untereinander Schwestern und Brüder seien,[28] in dem viel leichter zu befol-
genden Gebot der Nächstenliebe aufgehen zu lassen. Dieser wahrhaft „biblische"
gedankliche Spagat wird vermutlich nicht jeden überzeugen und läuft deshalb
Gefahr, beim täglichen Einkauf und Konsum, durch den so gut wie immer auch
eine oftmals lange und nicht immer faire[29] Produktions- und Handelskette bekräf-
tigt wird, von triebhafteren[30] Kaufanreizen überlagert zu werden. Überhaupt nicht
zählen kann man in diesem Zusammenhang auf Friedrich Nietzsche. Denn der
hatte ausgerechnet seinem so klug von Fernsten-Liebe daherredenden Zarathustra
den bösen Satz in den Mund gelegt, dass höher als die Liebe zum Nächsten zwar

---

[28]Vgl. Franziskus (2015), Abs. 52 („Wir müssen uns stärker bewusst machen, dass wir
eine einzige Menschheitsfamilie sind.") und Abs. 228 („Jesus erinnerte uns daran, dass
Gott unser gemeinsamer Vater ist und dass dies uns zu Brüdern und Schwestern macht.
Die Bruderliebe kann nur gegenleistungsfrei sein und darf niemals eine Bezahlung sein für
das, was ein anderer verwirklicht, noch ein Vorschuss für das, was wir uns von ihm erhof-
fen. Darum ist es möglich, die Feinde zu lieben. Diese gleiche Uneigennützigkeit führt uns
dazu, den Wind, die Sonne und die Wolken zu lieben und zu akzeptieren, obwohl sie sich
nicht unserer Kontrolle unterwerfen. Darum können wir von einer *universalen Geschwis-
terlichkeit* sprechen.").

[29]Juristische Betrachtungen zum Thema „Ausbeutung in der Lieferkette. Der Modern Slavery Act und seine Anwendung auf deutsche Unternehmen" finden sich bei Doris P, Zimmer M (2016); aktuelle Berichte über sklavenähnliche Ausbeutungsverhältnisse in der
heutigen globalen Wirtschaft bei Germund W (2014) bezüglich Textilindustrie in Asien,
bei Fähnders T (2014) bezüglich Sklaverei in Thailand, bei Schmidt U (2015) bezüglich
Fischereisklaven in Südostasien und bei Köckritz A, Petrulewicz B (2016) bezüglich nord-
koreanischer Zwangsarbeiter in Polen. Diesen und anderen Missständen den Kampf ansa-
gend die ethisch anspruchsvolle, aber ebenfalls nicht unfehlbare Fair-Trade-Bewegung (zu
dieser   https://de.wikipedia.org/wiki/Fairer_Handel;   https://de.wikipedia.org/wiki/Fairt-
rade_Labelling_Organizations_International). Eine weitere Facette in diesem Kampf ist die
von Weller M-P et al. (2016) vor dem Hintergrund eines schwebenden Gerichtsverfahrens
diskutierte Frage einer „Haftung deutscher Unternehmen für Menschenrechtsverletzungen
im Ausland".

[30]Eine besondere Rolle spielt in diesem Zusammenhang die nicht selten just auf das Trieb-
hafte im Menschen zielende kommerzielle Werbung. Dazu wurde das Erforderliche bereits
wenige Zeilen vorher gesagt.

die Liebe zum Fernsten und Künftigen, höher noch als die Liebe zu Menschen aber die Liebe zu „Sachen und Gespenstern" sei.[31] Das ist zwar eine klare Botschaft und vielleicht sogar ziemlich weitsichtig. Wertungsmäßig ist es jedoch bestenfalls ein schlechter Witz.

4.2 Lebensgrundlagen künftiger Menschen

Eine gesunde Portion Skepsis gegenüber der Möglichkeit einer hinreichend verhaltenssteuernden Fernsten-Liebe empfiehlt sich nicht nur in horizontaler Hinsicht (im Verhältnis zu *geografisch* weit entfernt lebenden Menschen), sondern auch in der vertikalen Dimension (im Verhältnis zu *zeitlich* weit entfernten, also „künftigen" Menschengenerationen). Zwar sollte man meinen, dass der Mensch als zu konservativem Denken neigendes Wesen der Belehrung durch eine Religion,[32] durch ein im Entstehen begriffenes Weltethos (Abschn. 4.1) oder durch einen launischen[33] Zarathustra jedenfalls dann nicht bedarf, wenn Entscheidungen zu treffen und zu verantworten sind, deren als möglich in Kauf genommene, aber nicht wirklich beabsichtigte Nebenwirkungen die natürlichen Lebensgrundlagen der „eigenen" Kinder, Enkel, Urenkel und fernerer Nachkommen betreffen. Realistischer ist aber wohl die Vermutung, dass sich zwar unsere Kinder, Enkel, Urenkel

---

[31]Dieser Satz findet sich in Zarathustras Rede von der Nächstenliebe, Nietzsche F (1883, S. 84 ff.): „Die Reden Zarathustra's", „Von der Nächstenliebe", online bei www.deutsches-textarchiv.de/book/view/nietzsche_zarathustra01_1883). Auch Zarathustras Sehnsucht nach einem wie auch immer beschaffenen „Übermenschen" spielt an dieser Stelle eine für das Textverständnis wesentliche Rolle: „Nicht den Nächsten lehre ich euch, sondern den Freund. Der Freund sei euch das Fest der Erde und ein Vorgefühl des Übermenschen. ... Die Zukunft und das Fernste sei dir die Ursache deines Heute: in deinem Freunde sollst du den Übermenschen als deine Ursache lieben. Meine Brüder, zur Nächstenliebe rathe ich euch nicht: ich rathe euch zur Fernsten-Liebe."

[32]Dazu bereits Abschn. 4.1, aber auch noch weiter unten.

[33]Dazu die letzten drei Sätze zu Abschn. 4.1.

und, mit abnehmender Tendenz,[34] vielleicht auch noch einige spätere Generationen, nicht aber auch die Angehörigen der zehnten, zwanzigsten oder dreißigsten Folgegeneration darauf verlassen können, dass bei den heute zu treffenden umweltrelevanten Entscheidungen auch ihre Lebensinteressen einigermaßen fair berücksichtigt werden.[35] Das war so lange kein allzu großes Problem, wie die Menschen aufgrund ihrer im Vergleich zu heute sehr geringen Anzahl sowie nach dem jeweiligen Stand von Wissenschaft und Technik überhaupt nicht in der Lage waren, die natürlichen Lebensgrundlagen künftiger Menschengenerationen ernsthaft und existenziell in Gefahr zu bringen. Jedoch hat sich diese Ausgangslage, der eine primär auf das Hier und Jetzt fokussierte Ethik noch genügen konnte, während der letzten hundert Jahre grundlegend verändert.[36] Die Zahl der den Erdball bevölkernden Menschen sowie damit einhergehend der Verbrauch natürlicher Ressourcen sind inzwischen dramatisch gestiegen,[37] und die heute verfügbaren Errungenschaften von Wissenschaft und Technik verleihen dem Menschen in Bezug auf

---

[34]Stark „abnehmend" ist übrigens von Geburt zu Geburt auch der Grad der „genetischen" Verwandtschaft, welche die Angehörigen entfernterer künftiger Generationen mit ihren entfernteren Vorfahren verbindet. Existiert in der menschlichen Vorstellungswelt eine zu Übergriffen einladende (dazu bereits Abschn. 4.1) „Fremdheit" vielleicht nicht nur in horizontaler (im Verhältnis zu gleichzeitig lebenden Menschen), sondern auch in vertikaler Hinsicht (im Verhältnis zu künftigen Generationen)? Mit diesen und ähnlichen Fragen befasst sich auch Birnbacher D (1988, S. 58 ff.); Birnbacher D (2003, S. 81, 89 f., 96 ff., 99); Birnbacher D (2014). Nach Stein T (2014, S. 53 f.) soll sich die Frage, „wie weit … der Zeithorizont reichen soll, innerhalb dessen die jetzt lebende Generation die Interessen zukünftiger Generationen berücksichtigen soll, … mit den Kriterien der Moralphilosophie nicht beantworten" lassen. Bemerkenswert auch der Hinweis von Luhmann N (1991, S. 5), dass der Topos „künftige Generationen" nicht zuletzt deshalb in die Diskussion eingeführt worden sei, weil er es ermögliche, die Kommunikation über die Akzeptanz bestimmter Risiken zu „moralisieren", wobei allerdings „unklar" bleibe, inwieweit solche künftigen Generationen „noch Menschen in uns bekannten Sinne" seien.

[35]Dennoch orientierte Hans Jonas seine „Ethik der Fernverantwortung" (Jonas H 1987 Kap. 2 ad I.3. (S. 63) an Analogien zum Eltern-Kind-Verhältnis (Jonas H 1987 Kap. 2 ad IV. (S. 84 ff.), Kap. 4 ad VII. (S. 234 ff.)).

[36]Darauf hatte bereits vor vielen Jahren Jonas H (1987) Kap. 1 ad II. ff. (S. 22 ff.), Kap. 5 ad II.1. (S. 251 f.), Kap. 6 ad II.A.2.a (S. 331 f.) hingewiesen und dies zum Anlass für die Entwicklung einer „Ethik der Fernverantwortung" (Kap. 2 ad I.3. (S. 63)) genommen. Vgl. auch Franziskus (2015), Abs. 48 ff. (insbesondere seine Fn. 102 ff.).

[37]Grund zur Sorge war dies vor vielen Jahren für Jonas H (1987) Kap. 5 ad II.1. (S. 251 f.), Kap. 6 ad II.A.2.a-d (S. 331 ff.), Kap. 6 ad II.A.3. b, c (S. 338 ff.). Aktuelles Zahlenmaterial zur Entwicklung der Weltbevölkerung ist abrufbar unter https://uni-tuebingen. brockhaus.de/enzyklopaedie/weltbev%C3%B6lkerung (Stand: 08.07.2016) und http:// de.wikipedia.org/wiki/Weltbevölkerung.

andere Menschen sowie auf die ihn und andere Menschen umgebende Natur eine
Gestaltungs- und Zerstörungsmacht, deren gigantische, sogar das Auslöschen der
gesamten Menschheit ermöglichende Potenziale vor einigen hundert Jahren nur in
Gottes oder in Teufels Hand vorstellbar waren. Als Beispiele seien hier ohne
Anspruch auf Vollständigkeit genannt: die massenhafte industrielle Verarbeitung
und Herstellung gefährlicher chemischer Substanzen zu friedlichen oder militärischen Zwecken,[38] die friedliche und die militärische Nutzung der Atomenergie,[39]
die industrielle Ingangsetzung biologischer Prozesse zu friedlichen oder militärischen Zwecken, die genetische Veränderung von Pflanzen, Tieren und Menschen
mit nicht hinreichend kontrollierbarem Ausbreitungs- und Weitervererbungspoten-
zial sowie die massenhafte Ausspähung sowohl privater als auch während der
Berufsausübung entwickelter und dann einem elektronischen Speichergerät anver-
trauter menschlicher Gedanken und Geheimnisse durch den weltumspannenden
geheimdienstlichen Zugriff[40] auf mit dem Internet oder dem Telefonnetz verbun-
dene digitale Arbeits- und Kommunikationsmittel. Den Philosophen Hans Jonas
hat die Erkenntnis, dass der Mensch aufgrund seiner gewachsenen technischen
Möglichkeiten sogar die komplette Auslöschung der eigenen Spezies verursachen
kann, zu seinem erstmals 1979 erschienenen, für die spätere Zukunftsethik[41] rich-
tungsweisenden und im vorliegenden essential durchgehend nach der 7. Auflage
(1987) zitierten Buch „Das Prinzip Verantwortung. Versuch einer Ethik für die
technologische Zivilisation" inspiriert. Gegenstand soziologischer Betrachtung

---

[38]Erinnert sei an die schwerwiegenden Chemieunfälle in *Seveso* (Kitzler J-C 2016,b);
https://de.wikipedia.org/wiki/Sevesoungl%C3%BCck) und *Bhopal* (Keppner K 2014).

[39]Erinnert sei an die verheerenden Wirkungen der Atombombenabwürfe über *Hiroshima* und
Nagasaki (https://de.wikipedia.org/wiki/Atombombenabw%C3%BCrfe_auf_Hiroshima_und_
Nagasaki), an die nach wie vor bestehende Gefahr absichtlicher oder auf Fehlinformatio-
nen beruhender Atomwaffeneinsätze (Näheres weiter unten) sowie an die katastrophalen
Atomkraftwerksunfälle, die sich 1986 in *Tschernobyl* (http://de.wikipedia.org/wiki/Nuklear-
katastrophe_von_Tschernobyl) und 2011 in *Fukushima* (http://de.wikipedia.org/wiki/Nuk-
learkatastrophe_von_Fukushima) ereignet haben und deren gefährliche Hinterlassenschaften
noch immer über erhebliches Potenzial verfügen. Eine lange Liste vieler weiterer schwerer
Unfälle in kerntechnischen Anlagen findet sich bei https://de.wikipedia.org/wiki/Liste_von_
Unf%C3%A4llen_in_kerntechnischen_Anlagen.

[40]Zu einiger Berühmtheit gelangte in diesem Zusammenhang die US-amerikanische
National Security Agency (NSA). Näheres bei https://de.wikipedia.org/wiki/Globale_
%C3%9Cberwachungs-_und_Spionageaff%C3%A4re; www.heise.de/thema/NSA und https://
de.wikipedia.org/wiki/Edward_Snowden.

[41]Ein informativer Überblick zum aktuellen Stand dieser Wissenschaftsdisziplin findet sich
bei Birnbacher D (2003, S. 81 ff.)

wurde das Thema vor allem durch die von Ulrich Beck verfassten Werke über die moderne „Risikogesellschaft"[42] und die in einer solchen herrschende „organisierte Unverantwortlichkeit".[43]

Bei genauerem Hinsehen erweist sich unsere „Risikogesellschaft" freilich als eine Risiko*verlagerungs*gesellschaft, die zwar von der Nutzung ihrer technischen Möglichkeiten im Hier und Jetzt kräftig profitiert, aber die Bewältigung der damit verbundenen Risiken *künftigen* Generationen überlässt. Ein disziplinierender Gleichlauf von Herrschaft und Risikotragung existiert in diesem Zusammenhang nicht, eher schon eine tief verwurzelte „Diktatur des Hier und Jetzt".[44] Selbst eine Demokratie wird bei solchen Fragen leicht zur Diktatur, nämlich zu einer Diktatur der heute lebenden Menschen über das Schicksal künftiger Menschengenerationen, die ihre Interessen nicht bereits heute wahlentscheidend artikulieren können.[45]

Begünstigt wird die weithin praktizierte Risikoverlagerung auf künftige Generationen durch die banale Tatsache, dass die Angehörigen künftiger Generationen den gegenwärtig Lebenden nicht von Angesicht zu Angesicht gegenübertreten und auch nicht als individuelle Personen Gegenstand mitleiderweckender Presse- und Fernsehberichterstattung sein können, wie man sie beispielsweise in Bezug auf die aus schlimmstem Elend nach Europa strömenden syrischen Kriegsflücht-

---

[42]Beck U (1986); Beck U (2007) Kap. 8 S. 111 ff. (113); vgl. auch Luhmann N (1991) Kap. 8 S. 111 ff. (113). Zum Thema „Risikogesellschaft" vgl. auch die Ausführungen in Brockhaus Bd. 18 (1992), S. 441 ff.

[43]Beck U (1988, S. 103 ff.). Vgl. auch Honegger C, Neckel S, Magnin C (Hrsg.) (2010), die die Formulierung „Strukturierte Verantwortungslosigkeit" sogar zum Titel eines Sammelbandes mit Berichten aus der „Bankenwelt" erheben, und Paech N (2015, S. 18). Erscheinungsformen und Gefahren „institutionalisierter" Unverantwortlichkeiten behandelt die dem deutschen Insolvenzverfahrensrecht gewidmete Abhandlung von Marotzke W (2014).

[44]Von einer „Diktatur des Jetzt" spricht auch Schellnhuber H J (2014, S. 42); Schellnhuber H J (2015a, S. 544 (Überschrift), 556). In der Grundtendenz ähnlich Stein T (2014, S. 56) („Der Grad der Verantwortlichkeit des Staates gegenüber den aktualen Bürgern, den Weltbürgern und den zukünftigen Bürgern ist aber unterschiedlich.") und Gesang B (2016, S. 103 ff.) (der ebd. S. 104 f. ausführt, streng genommen sei Demokratie sogar „unmoralisch", wenn sie durch die Verpflichtung „gegenüber einem Demos, dem Staatsvolk" [und zwar *nur* gegenüber diesem] definiert werde, dass man aber diese „latente Unmoralität der faktischen nationalen Demokratie" verringern könne, indem man wenigstens die zukünftigen Generationen „eines Staatsvolks", wenn schon nicht der ganzen Welt, dem Demos hinzuzähle).

[45]Vgl. auch die in der vorherigen Fn. Genannten.

linge und viele andere Flüchtlingsgruppen[46] kennt. In der Vorstellungswelt der meisten heute Lebenden erscheinen die Künftigen, wenn überhaupt, nur als gesichts- und geschichtslose Gestalten. Schon deshalb spielen die Lebensinteressen der Menschen, die erst Jahrhunderte oder Jahrtausende nach uns zur Welt kommen werden, im Verhalten der heute Lebenden eine noch viel geringere Rolle als die Lebensinteressen der vielen Kriegsflüchtlinge, die gegenwärtig Zuflucht in Europa suchen und trotz ihrer unbestreitbaren Schutzbedürftigkeit damit leben (oder sterben[47]) müssen, dass sich die Europäer inzwischen mehrheitlich entschieden haben, die Aufnahme weiterer Hilfsbedürftiger unter Hinweis auf eigene Wohlstands- und Sicherheitsinteressen massiv zu begrenzen.

Eine mindestens ebenso große Gefahr für die Lebensinteressen künftiger Menschengenerationen resultiert aus dem extrem großen zeitlichen Abstand, der zwischen der sich im Hier und Jetzt abspielenden Nutzanwendung moderner Techniken und dem Eintritt ihrer zerstörerischen Nebenwirkungen liegen kann.[48] Eine Kausalkette, die heute von Menschenhand um kurzfristiger Vorteile willen in Gang gesetzt wird, kann sich bis zum Eintritt ihrer schädlichen Nebenwirkungen wie etwa der Zerstörung der Erdatmosphäre oder der radioaktiven Verseuchung von Erdreich, Wasser und Luft über Zeiträume erstrecken, die um ein Vielfaches größer sind als die Dauer einer Bundestags-Legislaturperiode, als die Amtszeit eines demokratisch gewählten oder auf andere Weise an die Macht gekommenen Regierungschefs, als die Lebensdauer einer Menschengeneration und sogar als die durchschnittliche Lebensdauer ganzer Staaten und Weltreiche.[49] Dies gilt

---

[46]Vgl. den Bericht von Lobenstein C, Wahl L (2016).

[47]Auf der gefährlichen Mittelmeerroute starben nach Schließung der über Land führenden Fluchtrouten viele Menschen durch Ertrinken (vgl. Faigle P, Frehse L (2016): das tödlichste Jahr; Schmickler B (2016): täglich kämen ca. 16 Menschen auf der Mittelmeerroute zu Tode; Kitzler J-C (2016,a): seit Anfang 2016 ca. 2900 flüchtende Menschen auf dem Mittelmeer gestorben; Handelsblatt (26.05.2016)).

[48]Auch hierzu bereits vor vielen Jahren Jonas H (1987) Kap. 1 ad III.1. (S. 27) – zunächst auf sehr abstraktem Niveau, in späteren Textpassagen jedoch mit noch immer hochaktuellen Beispielen.

[49]Die Existenz von Staaten wurde und wird weltweit immer wieder bedroht durch Kriege, Bürgerkriege, Revolutionen, Verwahrlosung, Naturkatastrophen und Völkerwanderungen. Zur Lebensdauer von Staaten vgl. Tellenbach G (1940, S. 5 ff.) Als Anwärter auf den Titel „Ältester Staat der Welt" werden Ägypten und China genannt. Erste ägyptische bzw. chinesische Staatsformen sollen schon vor 5000 Jahren existiert haben (vgl. für beide Länder ZEIT-ONLINE (07.02.2008) und speziell für China Bundeszentrale für politische Bildung (07.08.2008)). Jedoch gab es auch in Ägypten und China immer wieder Kriege und Revolutionen mit gravierenden Folgen für die jeweilige Infrastruktur.

insbesondere im Zusammenhang mit der großtechnischen Gewinnung und Nutzung fossiler oder atomarer Energie, wobei die negativen Folgen der Nutzung fossiler Brennstoffe in der kontinuierlichen Erwärmung des Erdklimas[50] und die negativen Folgen der Kernenergienutzung primär in der plötzlichen oder langfristigen Freisetzung radioaktiver Strahlung[51] gesehen werden (und im Übrigen ergänzend anzumerken ist, dass vermutlich *jede* Freisetzung von Energie, egal ob durch Verbrennung von Kohle, Öl und Gas oder durch Spaltung oder Fusion von Atomen,[52] den Wärmehaushalt des Planeten in einem Ausmaß verändern kann, welches den Ausmaßen der auf irdischen und/oder astronomischen Ursachen beruhenden Veränderungen des Erdklimas, die es in zwar unregelmäßigen aber meist sehr großen Abständen immer wieder gegeben hat,[53] in nichts nachsteht). Die folgende Darstellung beschränkt sich im Wesentlichen auf die Nutzung der *Atomenergie*. Diese kann, zumindest in der Theorie, sowohl auf der Fusion als auch auf der Spaltung von Atomkernen basieren. Der einzige Kernfusionsreaktor in unserer Nähe ist die Sonne. Die künstliche Herbeiführung einer Kernfusion ist dem Menschen bisher nur für Zeiträume gelungen, deren Dimensionen weit unter einer Sekunde liegen (Lossau N 2016).[54] Nicht auf die Fusion, sondern auf die Spaltung von Atomkernen setzen deshalb alle heute existierenden Atomkraftwerke.

---

[50]Bereits vor vielen Jahren thematisiert von Jonas H (1987) Kap. 6 ad II.A.2.c (S. 333 f.), Kap. 6 ad II.A.2.d (S. 336 f.). Sogar die bis heute nicht zur Praxistauglichkeit gereifte Energiegewinnung mithilfe terristischer Kern*fusions*reaktoren hatte Jonas schon in seine Überlegungen einbezogen!

[51]Auch hierzu Jonas H (1987) Kap. 6 ad II.A.2.c (S. 333 f.).

[52]Vgl. Jonas H (1987) Kap. 6 ad II.A.2.d (S. 336 f. mit der Überschrift „Das ultimative Thermalproblem"), Kap. 6 ad II.A.3. (S. 337 ff. mit der Überschrift „Das Dauergebot sparsamer Energiewirtschaft und sein Veto gegen die Utopie").

[53]Vgl. hierzu und den dadurch bewirkten Verschiebungen der lebensfreundlichen und lebensfeindlichen Zonen: http://de.wikipedia.org/wiki/Klimawandel; http://de.wikipedia.org/wiki/Kleine_Eiszeit; http://de.wikipedia.org/wiki/Liste_von_Wetterereignissen_in_Europa (letzter Zugriff jeweils am 16.09.2016); Bundeszentrale für politische Bildung (11.12.2012); ZDF.de (11.01.2015); ZDF.de (29.06.2016); Herrmann S (2012).

[54]Voll funktionsfähige Reaktoren, in denen eine Fusionsreaktion im Dauerbetrieb abläuft und die somit zur Stromerzeugung in einem Fusionskraftwerk geeignet wären, existieren zurzeit noch nicht (vgl. Lossau N (2016) und ergänzend https://de.wikipedia.org/wiki/Kernfusionsreaktor). Dennoch auch schon die Kern*fusion* in seine philosophischen Betrachtungen einbeziehend Jonas H (1987) Kap. 6 ad II.A.2.c – II.A.3. (S. 335 ff.).

In Deutschland, das sich gegenwärtig in der Phase eines vor dem Hintergrund der fürchterlichen Ereignisse in Tschernobyl und Fukushima[55] beschlossenen nationalen „Atomausstiegs" befindet,[56] sind zurzeit noch 8 Atomkraftwerke in Betrieb.[57] Weltweit liegt die Zahl bei deutlich über 400, Tendenz steigend.[58] Da Atomreaktoren kein Kohlendioxid ausstoßen (mag auch ihre tatsächliche CO_2-Bilanz alles andere als vorbildlich sein[59]), steht zu befürchten, dass der Bau zusätzlicher Atomkraftwerke von vielen Staaten als kluger Schachzug verstanden wird, um international vereinbarte Reduktionen des klimaschädlichen CO_2-Ausstoßes ohne nennenswerte Wohlstandseinbußen einhalten zu können.[60] Solche Tendenzen

---

[55]Vgl. dazu http://de.wikipedia.org/wiki/Nuklearkatastrophe_von_Tschernobyl und http://de.wikipedia.org/wiki/Nuklearkatastrophe_von_Fukushima. Eine lange Liste vieler weiterer schwerer Unfälle in kerntechnischen Anlagen findet sich bei Wikipedia unter https://de.wikipedia.org/wiki/Liste_von_Unf%C3%A4llen_in_kerntechnischen_Anlagen.

[56]Dazu Bundesregierung. Fragen und Antworten zur Energiewende; ZEIT-ONLINE (30.06.2011); Abschlussbericht Endlagerkommission (2016, S. 24 f., 67 ff., 290 f.).

[57]Vgl. Abschlussbericht Endlagerkommission (2016, S. 98); Schwäbisches Tagblatt v. 22.04.2016, S. 4 sowie die Tabellen bei http://de.wikipedia.org/wiki/Kernenergie_nach_L%C3%A4ndern#Deutschland und https://de.wikipedia.org/wiki/Liste_der_Kernreaktoren_in_Deutschland.

[58]Nach Wikipedia (http://de.wikipedia.org/wiki/Kernkraftwerk, Gliederungspunkt „Anzahl der Kernkraftwerke") sollen im Juli 2015 weltweit 438 Reaktorblöcke mit einer Gesamtleistung von 379 GW in Betrieb gewesen sein; weitere 66 Reaktorblöcke mit einer Gesamtleistung von 63,7 GW sollen sich, überwiegend in asiatischen Ländern, in der Bauphase befinden.

[59]Ohne Freisetzung von Kohlendioxid arbeiten nämlich nur die Reaktoren als solche. Betrachtet man hingegen den Gesamtvorgang (Kraftwerksbau, Uranabbau, Brennelementeherstellung, Wiederaufbereitung, Kraftwerksrückbau, Zwischen- und Endlagerung), so ist in den einzelnen Stufen sehr wohl ein Energieaufwand nötig, bei dem auch Treibhausgase emittiert werden. Dies kurz andeutend Abschlussbericht Endlagerkommission (2016, S. 83).

[60]Eine nach (europäischen) Staaten gegliederte Darstellung solcher Bestrebungen findet sich bei Saurer J (2016, S. 411, 417 (Frankreich), 418, 423 (Polen), 422, 423 (Großbritannien), 429 f. (Großbritannien, Polen, Tschechien)). Vgl. auch Pieper S (15.09.2016): Großbritanniens Regierung habe sich für AKW-Neubau entschieden; Schultz S (2016): EU wolle Atomkraft „massiv stärken"; tagesschau.de (17.05.2016): EU wolle Atomkraft „stark fördern"; tagesschau.de (10.06.2016): Schweden wolle „doch wieder Kernenergie". Kritisch zu Recht Döschner J (2016a) und Pries K (2016); tagesschau.de (10.06.2016).

gab es in Europa[61] bereits vor[62] dem im November 2015 durchgeführten und in den höchsten Tönen gelobten[63] „Pariser Klimagipfel", und es gibt sie nachweislich[64] auch heute. Ein „Weiter-So" wäre jedoch fatal. Denn Atomkraftwerke produzieren nicht nur elektrischen Strom, sondern auch erhebliche Gefahren für Umwelt und Gesundheit. Letztere realisieren sich nicht nur sporadisch infolge katastrophaler Kernschmelzen wie 1986 in Tschernobyl und 2011 in Fukushima, sondern sind auch wissentlich in Kauf genommene Begleit- und Folgeerscheinungen jedes planmäßigen Normalbetriebs. Durch diesen fallen weltweit jedes Jahr ca. 12.000 Tonnen hoch radioaktiven Abfalls an.[65] Zu den besonders heiklen Abfallstoffen gehört das hochgiftige Schwermetall Plutonium.[66] Das technisch wichtigste Plutonium-Isotop ^{239}Pu wird in erheblichen Mengen in Brutreaktoren erzeugt.[67] Es ist für

---

[61]Treibende Kräfte sind Frankreich, Großbritannien, Polen und Tschechien (Näheres in der vorherigen Fn.).

[62]Dazu ausführlich Saurer J (2016).

[63]Sehr euphorisch äußern sich z. B. Bals C, Kreft S, Weischer L (2016). Darstellung der wichtigsten Ergebnisdefizite dieses vermutlich erfolgreichsten aller bisherigen Klimagipfel in ZEIT-ONLINE/dpa/AFP/Reuters (13.12.2015); Ekardt F (2016); Eckert W (2016,a). Selbst Schellnhuber (Leiter des Potsdam-Instituts für Klimafolgenforschung) äußert neben viel Lob auch substanzielle Kritik (vgl. Schellnhuber H J 2015,c und Schellnhuber H J 2016). Der im November 2016 gewählte künftige Präsident der U.S.A. hat allerdings bereits mit einem Ausstieg aus dem Klimavertrag gedroht (vgl. Endres A (2016,b); Eckert W (2016,b); Handelsblatt 09.11.2016). Eine tragische Rolle spielt zudem die in der nächsten Fn. erwähnte Umgehungsmöglichkeit mithilfe eines weiteren Ausbaus der ebenfalls gefährlichen Atomenergie.

[64]Vgl. Pieper S (15.09.2016): Großbritanniens Regierung habe sich für AKW-Neubau entschieden; Schultz S (2016): die EU wolle Atomkraft „massiv stärken"; tagesschau.de (17.05.2016): EU wolle Atomkraft „stark fördern"; tagesschau.de (10.06.2016): Schweden wolle „doch wieder Kernenergie".

[65]Quelle: http://de.wikipedia.org/wiki/Radioaktiver_Abfall, Gliederungspunkt „Anfallende und angefallene Mengen". Bereits im vorherigen Jahrhundert vor in Kernkraftwerken produziertem radioaktivem Abfall als „noch nie da gewesene Folge menschlichen Tuns" warnend Jonas H (1987) Kap. 6 ad II.A.2.c (S. 335). Aktuelle Mengenangaben speziell für Deutschland finden sich im Abschlussbericht Endlagerkommission (2016, S. 98 ff.).

[66]Vgl. Brockhaus Bd. 17 (1992), S. 260 und ergänzend http://de.wikipedia.org/wiki/Radioaktiver_Abfall, Gliederungspunkt „Abklingzeiten von Nuklidgemischen". Zu den Eigenschaften und Verwendungen von Plutonium vgl. http://de.wikipedia.org/wiki/Plutonium.

[67]Vgl. Brockhaus Bd. 17 (1992), S. 260 und ergänzend http://de.wikipedia.org/wiki/Plutonium, Gliederungspunkt „Gewinnung und Darstellung".

Menschen nicht nur in Friedenszeiten sehr gefährlich,[68] sondern war auch als Spaltstoff in der Atombombe enthalten, die am 9. August 1945 mit den bekannten Folgen über der japanischen Stadt Nagasaki abgeworfen wurde.[69] Die Halbwertszeit dieses Plutonium-Isotops beträgt 24.110 Jahre.[70] Das ist mehr als das Zehnfache der Zeit, welche die heute lebenden Menschen von der Geburt Jesu Christi und den Quellen des römischen Rechts[71] trennt, und mindestens das Sechsfache des aktuellen Lebensalters des Judentums, der vermutlich ältesten aller bisherigen monotheistischen Religionen.[72] Zudem ist ^{239}Pu nach Ablauf der erwähnten 24.110 Jahre nicht etwa verschwunden, sondern es verfügt dann immer noch über 50 % seiner ursprünglichen Radioaktivität.[73] Vermutlich erst nach 100.000 Jahren sinkt

---

[68]WELT.de (29.03.2011). Nach dem Online-Lexikon der CHEMIE.DE Information Service GmbH (www.chemie.de/lexikon/Plutonium.html, Gliederungspunkt „Toxizität") wie auch nach dem Internet-Lexikon Wikipedia (http://de.wikipedia.org/wiki/Plutonium#Toxizit. C3.A4t, Gliederungspunkt „Toxizität") soll die aufgrund ihrer *chemischen* Wirkungen für einen Menschen tödliche Dosis von ^{239}Pu vermutlich im zweistelligen Milligrammbereich liegen. Noch gefährlicher als diese chemische Wirkung sei die Radioaktivität. Bereits die Inhalation von 40 Nanogramm ^{239}Pu reiche aus, um den Jahresgrenzwert für Arbeiter zu erreichen.

[69]Vgl. http://de.wikipedia.org/wiki/Plutonium, Gliederungspunkt „1. Geschichte" sowie ergänzend http://de.wikipedia.org/wiki/Fat_Man und http://de.wikipedia.org/wiki/Atombombenabw%C3%BCrfe_auf_Hiroshima_und_Nagasaki. Bei der Atombombe, die drei Tage zuvor auf *Hiroshima* abgeworfen worden war, handelte es sich hingegen um eine sog. Uranbombe (vgl. den letztgenannten Wikipedia-Bericht, unter „Abwurf auf Hiroshima, Startvorbereitung", und http://de.wikipedia.org/wiki/Little_Boy).

[70]Vgl. Brockhaus Bd. 17 (1992, S. 260) und ergänzend http://de.wikipedia.org/wiki/Radioaktiver_Abfall, Gliederungspunkt „Abklingzeiten von Nuklidgemischen".

[71]Die Gründung des Römischen Reiches geht auf Anfänge zurück, die vermutlich nicht weiter zurückreichen als in das 9. oder 10. Jahrhundert vor Christi Geburt. Die Gründung der römischen Republik wird üblicherweise auf das Jahr 509 vor Christi Geburt, der Übergang zum Kaiserreich auf das Jahr 27 vor Christi Geburt datiert (Brockhaus Bd. 18 (1992, S. 524).

[72]Vgl. Brockhaus Bd. 11 (1990, S. 241). Das Alter der jüdischen Religion wird auf ca. 3000 bis 4000 Jahre geschätzt (vgl. www.religion-ethik.de/judentum/geschichte-entstehung.html und www.judentum-projekt.de/geschichte/).

[73]Die Aktivität einzelner Radionuklide klingt exponentiell ab. Nach einer Halbwertszeit beträgt sie nur noch die Hälfte des Anfangswerts, nach zwei Halbwertszeiten ein Viertel, nach zehn Halbwertszeiten rund ein Tausendstel ($2^{-10} = 1/1024$), nach zwanzig Halbwertszeiten rund ein Millionstel. Sie erreicht niemals Null; jedoch sind keine Schutzmaßnahmen mehr erforderlich, wenn die Aktivität auf das Niveau natürlicher Strahlungsquellen abgesunken ist. Je nach Anfangswert können dafür einige wenige bis über zwanzig Halbwertszeiten nötig sein. Die letzten vier Sätze wurden wörtlich entnommen aus http://de.wikipedia.org/wiki/Radioaktiver_Abfall, Gliederungspunkt „Abklingzeiten von Nuklidgemischen". Knapper sind die Ausführungen zu „Halbwertszeit" in Brockhaus Bd. 17 (1992, S. 260), Bd. 9 (1989, S. 382).

die Gefährlichkeit ausgebrannter Kernbrennstäbe auf ein mit natürlichen Uranvor-
kommen vergleichbares Maß.[74] Mindestens diese 100.

000 Jahre,[75] wenn möglich
sogar das Zehnfache dieser Zeit,[76] auf jeden Fall jedoch verbunden mit einer sich
auf die ersten 100 Jahre[77] erstreckenden Garantie der Rückholbarkeit des eingelagerten Materials,[78] möchte Frankreich mit seinem geplanten und bereits durch
umfangreiche Erd- und Tunnelarbeiten vorbereiteten Atommüll-Endlager *Cigéo*
bei Bure[79] abdecken. Die sowohl von französischen als auch deutschen Experten[80]
als erstrebenswert erachtete und seit 2013 auch vom deutschen Gesetzgeber geforr-
derte Gewährleistung einer sicheren Endlagerzeit von „einer Million" Jahren (§ 1
Abs. 1 Satz 1 Standortauswahlgesetz[81]) mag vielleicht zu hoch gegriffen sein –

---

[74]So jedenfalls Gast R (2012). Auf eine Lagerzeit von „mindestens" 100.000 Jahren richtet
man sich auch in Schweden ein (vgl. Stamm S 2012). Gleiches gilt für Deutschland; vgl.
die in Südwestpresse (23.05.2016) wiedergegebenen Bemerkungen von T W Tromm (Spre-
cher des Programms „Nukleare Entsorgung, Sicherheit und Strahlenforschung – NUSAFE"
am Karlsruher Institut für Technologie).

[75]Vgl. Goetze S (2011) und die Ausführungen im Internet-Lexikon Wikipedia (https://
de.wikipedia.org/wiki/Bure_%28Felslabor%29). Von Hoffnungen und Berechnungen in
Richtung des Zehnfachen (!) dieser Zeitspanne berichten Küppers C, Alt S (2013, S. 17, 39).

[76]Vgl. Küppers C, Alt S (2013, S. 17, 39) sowie für deutsche Endlager den Bericht von
Boecker A (2014).

[77]Der Beginn dieser Hundertjahresfrist ist anscheinend bisher nicht präzise festgelegt. Vgl.
Küppers C, Alt S (2013, S. 19).

[78]Küppers C, Alt S (2013, S. 5, 19).

Die von der französischen Regierung als Projektträger eingesetzte *Agence Nationale
pour la gestion des Déchets Radioactifs (Andra)* spricht vorsichtig von einer „mindestens
hundertjährige[n] Betriebszeit" (vgl. www.cigéo.com/de/).

[79]Bure ist eine kleine französische Gemeinde im Département Meuse in der Region Loth-
ringen. Zum Stand der dort bereits ausgeführten Arbeiten vgl. Goetze S (2011); Küppers C,
Alt S (2013); den Abschlussbericht der (deutschen) Kommission Lagerung hoch radioaktiver Abfälle (Abschlussbericht Endlagerkommission (2016, S. 201 f.) sowie das Internet-
Lexikon Wikipedia (https://de.wikipedia.org/wiki/Bure_%28Felslabor%29).

[80]Vgl. Küppers C, Alt S (2013, S. 17, 39) sowie für deutsche Endlager den Bericht von
Boecker A (2014).

[81]Gesetz zur Suche und Auswahl eines Standortes für ein Endlager für Wärme entwickelnde radioaktive Abfälle (Standortauswahlgesetz – StandAG) vom 23.07.2013 (BGBl.
I S. 2553), geändert durch Art. 309 der Verordnung vom 31.08.2015 (BGBl. I S. 1474).
§ 1 Abs. 1 Satz 1 dieses Gesetzes lautet: „Ziel des Standortauswahlverfahrens ist, in einem
wissenschaftsbasierten und transparenten Verfahren für die im Inland verursachten, insbesondere hoch radioaktiven Abfälle den Standort für eine Anlage zur Endlagerung nach § 9a
Absatz 3 Satz 1 des Atomgesetzes in der Bundesrepublik Deutschland zu finden, der die
bestmögliche Sicherheit für einen Zeitraum von einer Million Jahren gewährleistet."

ganz abgesehen von den mehreren Eiszeiten, denen ein Endlager während dieser langen Zeit standhalten müsste.[82] Selbst wenn man jedoch, todesmutig in die Gegenrichtung argumentierend, nur die Halbwertszeit von ^{239}Pu zugrunde legte und sich somit auf eine Zeitspanne von lediglich 24.110 Jahren einigte, müsste man der Tatsache ins Auge sehen, dass auch dieser sehr knapp[83] bemessene Zeitraum die Lebensdauer jeder staatlichen und staatenübergreifenden Ordnung,[84] einschließlich derjenigen der für die (interne) Friedenssicherung so wichtigen Europäischen Gemeinschaft, und sogar die Lebenszeit jeder bisherigen menschlichen Sprache,[85] also des wichtigsten Instruments zur Übermittlung von Warnhinweisen und technischen Anleitungen, um ein Vielfaches übersteigt. Noch finsterer wird das Bild, wenn man die große Zahl der Kriege, die in der langen blutigen Geschichte Europas dokumentiert sind, auf die nächsten 24.000 Jahre hochrechnet und sich fragt, wer in solchen schweren Zeiten, die auch in Zukunft nicht ausbleiben werden, die Wartung und Sicherung unserer atomaren Hinterlassenschaften

---

[82]Von sage und schreibe zwanzig (!) Eiszeiten ist die Rede bei Brost S (2016). Die Auswirkungen künftiger, mengenmäßig allerdings nicht näher konkretisierter Eiszeiten auf ein Endlager werden auch thematisiert im Abschlussbericht Endlagerkommission (2016, S. 243, 302, 314, 331 f.).

[83]Denn die Aktivität einzelner Radionuklide beträgt nach einer *Halb*wertszeit, die bei ^{239}Pu 24.110 Jahre umfasst, immer noch die *Hälfte* des Anfangswerts. Nach zwei Halbwertszeiten beträgt sie immer noch ein Viertel, nach zehn Halbwertszeiten rund ein Tausendstel ($2^{-10} = 1/1024$) und nach zwanzig Halbwertszeiten rund ein Millionstel des Anfangswerts. Sie erreicht niemals Null. Vgl. http://de.wikipedia.org/wiki/Radioaktiver_Abfall, Gliederungspunkt „Abklingzeiten von Nuklidgemischen"; deutlich knapper Brockhaus Bd. 9 (1989), S. 382.

[84]Die Existenz von Staaten wurde und wird weltweit immer wieder bedroht durch Kriege, Bürgerkriege, Revolutionen, Verwahrlosung, Naturkatastrophen und Völkerwanderungen. Zur Lebensdauer von Staaten vgl. Tellenbach (1940, S. 5 ff.) Als Anwärter auf den Titel „Ältester Staat der Welt" werden Ägypten und China genannt. Erste ägyptische bzw. chinesische Staatsformen sollen schon vor 5000 Jahren existiert haben (vgl. für beide Länder www.zeit.de/2008/07/Die_Kleinsten_die_Aeltesten_die und speziell für China www.bpb. de/internationales/asien/china/44248/das-alte-china (letzter Abruf jeweils am 19.09.2016)). Jedoch gab es auch in Ägypten und China immer wieder Kriege und Revolutionen mit gravierenden Folgen für die jeweilige Infrastruktur.

[85]In einem Beitrag von Gast R (2012) wird unter Berufung auf Linguisten nachvollziehbar vermutet, dass „alle heute gesprochenen Sprachen nach spätestens 10.000 Jahren keinerlei erkennbare Verwandtschaft zu ihren Wurzeln mehr aufweisen" werden. Entsprechendes gelte für Warnsymbole, da diese von Kultur zu Kultur unterschiedlich interpretiert würden; dies wird von Gast R (2012) mit Beispielen plausibel belegt.

gewährleisten soll.[86] Vor diesem Hintergrund erweist sich der Gedanke, man könne für die kommenden 20.000 bis 30.000 Jahre eine kontinuierliche Bewachung aller Atommülllager sowie die Ausführung aller erforderlich werdenden Wartungs- und Reparaturarbeiten sicherstellen, als absolut weltfremd. Mehr von Zweckoptimismus als von Realitätssinn getragen ist auch die immer wieder zu hörende Behauptung, man werde für die hoch radioaktiven Abfallprodukte der Kernkraftwerke innerhalb der nächsten 20 Jahre einen geeigneten Standort für ein Endlager finden, das nicht nur uns, sondern auch unseren Nachkommen sicheren Schutz biete.[87] Wohin die Reise wirklich geht, lassen die folgenden Fakten erahnen:

(1.) der von der kriegsgeschüttelten Ukraine bereits jetzt offen eingestandene Kontrollverlust über große Teile des dort reichlich vorhandenen radioaktiven Materials,[88]

---

[86]Vor diesem Hintergrund und ganz konkret auch mit Blick auf die aktuellen Geschehnisse in der Ukraine (dazu sogleich im Text) wird man sich fragen müssen, ob Europa mit seinen zahlreichen Atomkraftwerken und Atommüll-Zwischenlagern überhaupt noch auf eigenem Territorium verteidigungsfähig ist.

[87]Nach § 1 Abs. 3 des Standortauswahlgesetzes (Gesetz zur Suche und Auswahl eines Standortes für ein Endlager für Wärme entwickelnde radioaktive Abfälle vom 23.07.2013, BGBl. I S. 2553) soll das Standortauswahlverfahren bis zum Jahr 2031 abgeschlossen sein. Mit der Erarbeitung von Kriterien für die Suche nach einem Endlager für hoch radioaktiven Atommüll (u. a. rund 10.550 Tonnen ausgedienter Brennelemente) wurde eine 33-köpfige Kommission betraut, der Vertreter gesellschaftlicher Gruppen, Wissenschaftler, Abgeordnete des Bundestages und Mitglieder der Landesregierungen angehören (Quellen für alles Vorstehende: Reimer S C 2014; www.bundestags.de/endlager/). Die Kommission selbst hat den bisher in § 1 Abs. 3 des Standortauswahlgesetzes vorgesehenen Zeitplan für die Suche nach einem tauglichen Gelände für die Errichtung eines Endlagers als „unrealistisch" bezeichnet (Abschlussbericht Endlagerkommission 2016, S. 246). Für denkbar hält sie aber möglicherweise (Abschlussbericht Endlagerkommission 2016, S. 244 ff.) einen Zeitraum von 41 Jahren (in einem „optimistischen Szenario") bzw. von 58 Jahren (in einem „realistischen Szenario") bzw. von 77 Jahren (in einem „pessimistischen Szenario"), jeweils incl. 4 bis 7 Jahre für „Rechtsschutz" (vgl. Thomauske B, Kudla W (2016, S. 1, 12, 14 ff.); stark vereinfachend Deutscher Bundestag (Pressemeldung v. 02.06.2016) und ZEIT-ONLINE (02.06.2016). Zum voraussichtlichen Zeitpunkt der **Fertigstellung und Inbetriebnahme eines Endlagers** Thomauske B, Kudla W (2016, S. 17): „Bei realistischer Zeitplanung ist mit einer Einlagerung der ersten Abfälle in etwa 100 Jahren (Jahr 2117) zu rechnen. Bei optimistischer Zeitplanung ist eine Einlagerung der ersten Abfälle in etwa 70 Jahren zu erwarten (Jahr 2088) und bei pessimistischer Einschätzung erst nach 131 Jahren" (Jahr 2150; vgl. Tabelle ebd. S. 17). Ähnlich tagesschau.de (20.04.2015).

[88]Vgl. den zum Nuclear Security Summit 2016 erstatteten Bericht der Ukraine v. 31.03.2016 (www.nss2016.org/document-center-docs/2016/3/31/national-progress-report-ukraine) und den Kommentar von Dröschner J (2016b).

(2.) die mehr als 120.000[89] im niedersächsischen Salzbergwerk Asse[90] nicht nur versuchsweise zwischengelagerten, sondern rechtswidrig endgelagerten[91] Atommüllfässer, die wegen ihres schlechten Zustands und der geologischen Beschaffenheit der Lagerstätte vermutlich nicht mehr zurückholbar sein werden[92]

---

[89]Von ca. 126.000 Fässern berichten Schneider J (2013) und Frankfurter Rundschau (04.03.2014). Das Bundesamt für Strahlenschutz spricht von 125.787 Fässern mit schwach- und mittelradioaktiven Abfällen, die „nach Angaben des ehemaligen Betreibers HMGU" während der Zeit von 1967 bis 1978 eingelagert worden seien, und schätzt deren Gesamtvolumen auf „rund 47.000 Kubikmeter" (www.asse.bund.de/Asse/DE/themen/was-ist/radioaktive-abfaelle/radioaktive-abfaelle_node.html).

[90]Vgl. zum Atommülllager Asse die in der vorherigen und den nachfolgenden Fn. Genannten sowie die detaillierten Ausführungen des Bundesamts für Strahlenschutz (Bundesamt für Strahlenschutz. Asse II) und des Internet-Lexikons Wikipedia (http://de.wikipedia.org/wiki/Schachtanlage_Asse).

[91]Die Bewertung als rechtswidrig vermeidend, im Übrigen aber durchaus informativ der Abschlussbericht Endlagerkommission (2016, S. 148 ff.) Das Bundesamt für Strahlenschutz (Bundesamts für Strahlenschutz. Asse II) beschrieb den Sachverhalt zuvor bereits wie folgt: „Im Jahr 1965 beauftragte das Bundesministerium für wissenschaftliche Forschung und Technologie (heute: Bundesministerium für Bildung und Forschung) die Gesellschaft für Strahlenforschung (heute: Helmholtz Zentrum München) damit, in der stillgelegten Schachtanlage die Endlagerung radioaktiver Abfälle zu erforschen. Nach entsprechenden Umbaubauten begann 1967 die Versuchseinlagerung radioaktiver Abfälle. Von 1971 an wurde die Asse II faktisch nicht mehr als Versuchslager, sondern als Endlager genutzt, um hier den Großteil der schwach- und mittelradioaktiven Abfälle der Bundesrepublik einzulagern. Bis 1978 gelangten insgesamt 125.787 Fässer und Gebinde mit schwach- und mittelradioaktiven Abfällen in das Bergwerk. ... Unter dem Druck des Deckgebirges, der auf das Grubengebäude einwirkt, werden die Abbaukammern zusammengedrückt. Dadurch lockern sich das Salz- und Nebengebirge auf. So sind Klüfte entstanden, durch die Grundwasser in die Grube eindringt. Seit 1988 dringen diese derzeit salzgesättigten Zutrittswässer im oberen Teil der Südflanke, in etwa 500 bis 575 Meter Tiefe, in das Bergwerk ein. Hinzu kommt, dass die Abbaukammern selbst durch die Gebirgsbewegung instabil werden. Teilweise sind die Zwischendecken zwischen den Abbaukammern bereits eingebrochen. Auch unkontrollierte Grundwassereinbrüche sind zu befürchten. ... Die Rückholung der Abfälle aus der Schachtanlage Asse II ist nach jetzigem Kenntnisstand die beste Variante beim weiteren Umgang mit den dort eingelagerten radioaktiven Abfällen."

[92]Die gegenteiligen Beteuerungen der politisch Verantwortlichen erscheinen wenig glaubhaft. Skeptisch auch Sailer M (2013) und Wetzel D (2015). Wenig zuversichtlich klingt auch die in Handelsblatt (04.03.2014) wiedergegebene Äußerung der Bundesumweltministerin, dass mit der Rückholung des Atommülls aus der Asse „aus heutiger Sicht erst 2033 begonnen werden" könne und dies „eine Herausforderung noch für die nächste Generation" sei.

(sodass sich die schwierige[93] Frage des Wohin bezüglich dieser Fässer wohl nicht mehr stellen wird) und schon jetzt eine erhebliche Gefahr für das Grundwasser darstellen (von dem bereits seit Jahren große Mengen in die Asse eindringen und regelmäßig abgepumpt werden müssen),[94]

(3.) die vielen rostigen und teilweise bereits undichten Atommüllfässer im stillgelegten Atomkraftwerk Brunsbüttel[95] und

(4.) die seit einigen Monaten zu beobachtenden Bemühungen der Kernkraftwerksbetreiber, ihrer finanziellen Verantwortung für den Rückbau ausgedienter Kraftwerke und für die Endlagerung des Atommülls mithilfe ausgeklügelter gesellschaftsrechtlicher Gestaltungsmöglichkeiten eigenmächtig Grenzen zu setzen[96] sowie ihre weder ausreichenden[97] noch insolvenzgeschützten finanziellen Rückstellungen für Kraftwerksrückbau und Endlagerung in juristische Konstrukte auszulagern[98], die, im Ergebnis nicht anders als bei Banken- und Finanzmarktkrisen (s. o. Kap. 3), den Weg zu einer Mithaftung des Staates ebnen sollen.[99]

---

[93]Zur Erinnerung: Ein sicheres Endlager existiert in Deutschland bisher nicht.

[94]Bereits im Jahr 2014 mussten dort täglich rund 12.000 Liter Wasser abgepumpt werden (Bundesamt für Strahlenschutz. Zutrittswässer und Salzlösungen; vgl. auch Frankfurter Rundschau 04.03.2014). Ähnliche Probleme hat man in Schweden (Frankfurter Rundschau 04.03.2014; Stamm S 2012).

[95]Vgl. ZEIT-ONLINE (20.08.2014); Handelsblatt (20.08.2014); ndr.de (03.04.2016): Es seien ungefähr „ein Viertel der insgesamt 630 Fässer beschädigt", erst 30 dieser Fässer seien bereits geborgen worden.

[96]Der als staatliche Gegenmaßnahme gedachte „Entwurf eines Gesetzes zur Nachhaftung für Rückbau- und Entsorgungskosten im Kernenergiebereich" (Bundestags-Drucksache 18/6615 v. 09.11.2015; vgl. auch Lange S 01.06.2016; Haselbach A-C 2016) wird vermutlich nicht den Weg ins Bundesgesetzblatt finden. Den vorläufig letzten Stand der Auseinandersetzung markieren die Nachricht (Deutscher Bundestag Aktuelle Meldung v. 01.06.2016), dass der Ausschuss für Wirtschaft und Energie die Behandlung des erwähnten Gesetzentwurfs „vertagt" habe, sowie die sich mit den nachfolgenden Börsengängen der Eon-Tochter *Uniper* und der REW-Tochter *Innogy* befassenden Berichte wie z. B. WELT. de (08.06.2016); Anders R (2016); Endres A (2016,a); Schultz S (2016,a).

[97]Vgl. Döschner J (2015) (RWE-Chef Terium habe eingeräumt, dass die zugesagten Rücklagen für Abriss und Entsorgung der Kernkraftwerke noch nicht vollständig vorhanden sei); Heckung C, Pinzler P (2015); Pinzler P (2015); tagesschau.de (20.04.2015).

[98]Auch dazu die in der vorherigen Fn. Genannten.

[99]Vgl. Schmitt J (2016); tagesschau.de (20.04.2015); tagesschau.de (27.04.2016); tagesschau.de (19.10.2016).

(5.) Nicht sehr vertrauenserweckend klingt auch der Vorschlag,[100] den Atommüll für immer in (hoffentlich) undurchlässigen Ton- und Mergelschichten tief unter der Erdoberfläche zu deponieren und dabei bewusst darauf zu verzichten, solche Endlager in einer Weise zu markieren, die Jahrtausende überdauert und die dann vielleicht noch existierenden Lebewesen (Menschen?[101]), denen möglicherweise jede Erinnerung an unsere heutigen Sprachen und Warnsymbole fehlt,[102] zu hochgefährlichen archäologischen Ausgrabungen verleitet.

All diese Indizien und nicht zuletzt die Tatsache, dass nach mehr als einem halben Jahrhundert seit Inbetriebnahme des ersten deutschen Atomkraftwerks[103] noch immer kein legales Endlager für ausgediente Brennstäbe existiert und sich daran nach den aktuellen Prognosen[104] vermutlich auch innerhalb der nächsten 80 Jahre nichts ändern wird, offenbaren in drastischer Weise die Bereitschaft des modernen Menschen, zur Erlangung vergleichsweise geringer eigener Vorteile nicht nur sich selbst, sondern auch künftige Menschengenerationen massiven Gefahren auszusetzen.

Aus dieser Kritik des Status Quo folgt allerdings nicht zwingend, dass man sich bereits heute um das Schicksal jener Menschen sorgen müsste, die 24.000 Jahre nach unserem Ableben Gefahr laufen, ihren Durst mit radioaktiv verseuchtem (ehemals) niedersächsischem Grundwasser[105] zu stillen oder voller Entdeckergeist unsere atomaren Hinterlassenschaften zu erkunden und in Unkenntnis der Risiken zutage zu fördern. Eine derart weit in die Zukunft reichende Fürsorgepflicht setzt

---

[100]Kurz erwähnt auch in dem ZEIT-Beitrag von Gast R (2012).

[101]Vom wissenschaftlichen Standpunkt aus nicht von der Hand zu weisen ist die Bemerkung von Luhmann N (1991), 5, dass aus heutiger Sicht durchaus „unklar" sei, inwieweit alle künftigen Generationen „noch Menschen im uns bekannten Sinne" sein werden.

[102]Im Beitrag von Gast R (2012) wird unter Berufung auf Linguisten nachvollziehbar vermutet, dass „alle heute gesprochenen Sprachen nach spätestens 10.000 Jahren keinerlei erkennbare Verwandtschaft zu ihren Wurzeln mehr aufweisen" werden. Entsprechendes gelte für Warnsymbole, da diese von Kultur zu Kultur unterschiedlich interpretiert würden; dies wird von Gast R (2012) mit Beispielen plausibel belegt.

[103]Als erstes deutsches Atomkraftwerk ging im Februar 1962 das Kraftwerk *Kahl* ans Netz (vgl. https://de.wikipedia.org/wiki/Liste_der_Kernreaktoren_in_Deutschland).

[104]Thomauske B, Kudla W (2016), 17: „Bei realistischer Zeitplanung ist mit einer Einlagerung der ersten Abfälle in etwa 100 Jahren (Jahr 2117) zu rechnen. Bei optimistischer Zeitplanung ist eine Einlagerung der ersten Abfälle in etwa 70 Jahren zu erwarten (Jahr 2088) und bei pessimistischer Einschätzung erst nach 131 Jahren" (Jahr 2150; vgl. Tabelle ebd. S. 17). Ähnlich tagesschau.de (20.04.2015). Weitere Nachweise in Fn. 87 (zu Kap. 4).

[105]Auf die Grundwassersituation im Umfeld der „Asse" wurde bereits an früherer Stelle dieses Abschn. 4.2 eingegangen (s. o. bei Fn. 49 ff., 90 ff.).

nämlich voraus, dass 24.000 Jahre nach uns jedenfalls dann noch Menschen existieren werden, es uns gelingt, unseren Atommüll und alle sonstigen gefährlichen Hinterlassenschaften für immer unschädlich zu machen.

Bevor dieser Gedanke weiter ausgeführt wird, erscheint eine Klarstellung angebracht: Es ist nicht vermessen, anmaßend oder pietätlos, sondern ethisch absolut zwingend, dass sich Menschen, die derart weit in die Zukunft reichende Gefahrenquellen produzieren, auch, und zwar idealerweise bereits vorher, mit der Frage befassen, wie die Welt nach 24.000 oder 30.000 Jahren beschaffen sein könnte, insbesondere ob und ggfls. unter welchen Bedingungen dann überhaupt noch Menschen existieren werden. Was zu diesem Thema bereits heute gedacht und gesagt werden kann, muss also nicht schamhaft verschwiegen, sondern ungeachtet der Risiken, die derart weit in die Zukunft reichenden Prognosen notwendigerweise anhaften, offen ausgesprochen werden. Das Ergebnis solchen Nachdenkens ist allerdings nicht erfreulich:

Denn aus Gründen, die vielleicht auch mit den friedlichen, mehr noch aber mit den militärischen Einsatzmöglichkeiten der Atomenergie, mit der zunehmenden Zahl über Atomwaffen und andere Massenvernichtungswaffen verfügender Staaten,[106] mit den Tücken kurzer Vorwarnzeiten und technisch hochgerüsteter Frühwarnsysteme,[107] mit der rasant zunehmenden Komplexität und globalen Vernetzung überlebenswichtiger Infrastrukturen,[108] mit der Unvollkommenheit menschlicher Konfliktbewältigungsmethoden[109] sowie mit der historischen Erfahrung zu tun haben, dass die gemeingefährliche Persönlichkeitsstruktur eines Menschen diesen

---

[106]Als „Atommächte" gelten gegenwärtig die USA, Russland, Großbritannien, Frankreich, China, Indien, Pakistan, Israel und Nordkorea (vgl. https://de.wikipedia.org/wiki/Atommacht; http://de.statista.com/statistik/daten/studie/36401/umfrage/anzahl-der-atomsprengkoepfe-weltweit/; SIPRI (Stockholm International Peace Research Institute) Yearbook 2016: Armaments, Disarmament and International Security).

[107]Mehr dazu sogleich im Text. Speziell zum Thema „Vorwarnzeit" vgl. Computerwoche.de (18.11.1963) und von Randow G (2016).

[108]Vgl. auch Rauser K-D (2016, S. 23 ff.).

[109]Das gilt nicht nur für Konflikte zwischen *mehreren* Personen, sondern auch für psychische Krisen, die sich im Inneren *einer* Person (etwa des Piloten eines Passagierflugzeugs oder eines verrückten Staatslenkers) ereignen und dann, wie die von einem Germanwings-Kopiloten in selbstmörderischer Absicht und ohne Rücksicht auf das Schicksal anderer herbeigeführte Zerstörung eines mit 150 Menschen besetzten Airbus am 24.3.2015 zeigt (vgl. ZEIT-ONLINE 24.03.2015), nicht nur dem Handelnden selbst, sondern auch vielen anderen Menschen den Tod bringen kann. Sollte irgendwann ein über Atomwaffen verfügender Staatslenker in einen ähnlichen Zustand geraten wie der Kopilot der Germanwings-Unglücksmaschine, wären Konsequenzen apokalyptischen Ausmaßes möglich.

nicht automatisch an der Erlangung eines höchsten Staatsamtes hindert,[110] erscheint ein noch 24.000 Jahre währendes Weiterleben der Menschheit nicht ganz so selbstverständlich, wie man sich das gerne wünschen möchte. Vielleicht ist es nicht einmal überwiegend wahrscheinlich.[111] Seit mehr als 50 Jahren sitzt die Menschheit auf einem derart großen, weil der Herstellung und Aufrechterhaltung eines „Gleichgewichts des Schreckens" einschließlich der dafür erforderlichen Overkill- bzw. Zweitschlagkapazität dienenden[112] Atomwaffenarsenals, dass bereits die Zündung eines relevanten *Teils* des aktivierbaren Materials eine radioaktive Verstrahlung des gesamten Erdballs und vermutlich zusätzlich auch noch einen durch aufsteigende Verbrennungsprodukte erzeugten sog. nuklearen Winter zur Folge haben könnte (Gräbner M 2011). Das Zusammenwirken beider Faktoren könnte im schlimmsten Fall nicht nur den Bewohnern einiger Städte, Staaten oder Kontinente, sondern *allen* Menschen den vorzeitigen Tod bringen. Mancher Leser wird sich noch an zwei Ereignisse erinnern, die beide das Potenzial hatten, eine für die gesamte Menschheit hochgefährliche militärische Eskalation (konkret: einen Atomkrieg zwischen den USA und der damaligen Sowjetunion) auszulösen. Dies gilt zum einen für die Kubakrise des Jahres 1962, die mit diplomatischem Geschick und

---

[110]Dabei muss man nicht gleich an eine Person vom Schlage Adolf Hitlers denken. Kaum weniger gefährlich wäre ein naiver Dummkopf, der die ihm zur Verfügung stehenden Atomwaffen mit einer vergleichsweise harmlosen steinzeitlichen Keule verwechselt, oder ein Geistesgestörter, der analog der Methode des in der vorherigen Fn. erwähnten Germanwings-Kopiloten zu agieren gedenkt.

[111]Eher pessimistisch auch Rauser K-D (2016, S. 7, 25, 33, 39, 46). In zeitlicher Hinsicht zu kurz gedacht ist m. E. der Hinweis von Tremmel J (2004, S. 47 f.), eine ökologische oder sonstige Katastrophe, die zum völligen Aussterben der Menschheit führen könnte, sei „im Moment" so unwahrscheinlich, dass dieser Fall nicht zum Ausgangspunkt einer Zukunftsethik bzw. einer Generationenethik gemacht werden sollte. Nicht als antizipierten Abgesang auf die Erde als tauglichen Lebensraum, sondern lediglich als schillernde Produkte menschlichen Forschergeists bzw. überbordender Geschäftstüchtigkeit muss man wohl die Tatsache einordnen, dass führende Raumfahrtnationen bereits seit Jahren Ausschau nach bewohnbaren anderen Planeten, sozusagen einer zweiten Erde, halten (dazu Odenwald M 2013; Kayser R 2014; Tagesschau 06.01.2015) und multinationale Elektronikunternehmen ihrer dem wahren Leben weitgehend entrückten Kundschaft mit einigem Erfolg nach ständiger Erneuerung schreiende technische Mittel für das Abtauchen in virtuelle Parallel- oder Ersatzwelten aufschwatzen (dazu Neumayer I 2012; Albrecht H, Schmitt S 2015; Grimmig R 2016; Jansen J 2016; Stuttgarter Zeitung 18.08.2016).

[112]Vgl. https://de.wikipedia.org/wiki/Gleichgewicht_des_Schreckens; Melman S (1963); May E R (1988, S. 1 ff., 11 ff., 27). (eine sehr gedankenreiche Abhandlung nicht nur zum *Umfang*, sondern, mit deutlicher Betonung bereits im Titel, auch zu den *Grenzen* des „Overkill" sowie zu „Moral und Politik in der amerikanischen Nuklearrüstung von Truman zu Johnson").

Glück gerade noch rechtzeitig entschärft werden konnte,[113] und zum anderen für den computergenerierten Fehlalarm eines russischen Raketenfrühwarnsystems im Jahr 1983, der vermutlich nur wegen der Besonnenheit und des persönlichen Mutes des damals 44 Jahre alten Oberstleutnants der Sowjetarmee *Stanislaw Jewgrafowitsch Petrow*, der in diesem besonderen Fall sogar die militärische Befehlskette zu durchbrechen wagte,[114] nicht zu einem atomaren Zweitschlag der Sowjetunion führte, der in Wahrheit ein vernichtender Erstschlag gewesen wäre und nach damaliger Militärdoktrin bereits während der Anflugphase unweigerlich einen ebenso gewaltigen Vergeltungsschlag der amerikanischen Gegenseite ausgelöst hätte. Geht man versuchsweise davon aus, dass es auch künftig mindestens alle 30 Jahre zu Szenarien dieser Gefahrenklasse kommen wird (was vermutlich noch zu niedrig gegriffen ist[115]), so summiert sich das, hochgerechnet auf 24.000 Jahre, auf 800 solcher Szenarien. Dass derartige Ereignisse nicht nur ein- oder zweimal, sondern sogar achthundertmal einen für die Menschheit glimpflichen Ausgang nehmen werden, möchte man zwar gerne glauben. Sicher ist es jedoch nicht.[116]

Diese Überlegungen führen zu der Frage, ob eine Nachhaltigkeitsethik, die ihrer Aufgabe gerecht werden will, auch eher unwahrscheinliche Existenzen in ihr Schutzprogramm aufnehmen muss oder ob sie den hier und heute agierenden Menschen in dieser Hinsicht größere Ermessensspielräume, sozusagen einen moralischen Rabatt, zugestehen darf.[117]

---

[113]Vgl. Brockhaus Bd. 12 (1990, S. 559 f.); Greiner B (2012).

[114]Vgl. zu den damaligen Ereignissen Gerste R D (2013); Sietz H (2008); Kompa M (2009); Bidder B (2010); Huber P (2013); Beckmann A (2014); DasErste.de (undatiert) und ergänzend das Internet-Lexikon Wikipedia (http://de.wikipedia.org/wiki/Stanislaw_Jewgrafowitsch_Petrow; nichts hierzu im Brockhaus). Nach einem Bericht von Bittner J (2007) soll es von 1979 bis 1983 mindestens vier weitere nukleare Fehlalarme gegeben haben. In der Grundtendenz übereinstimmend Süddeutsche Zeitung (01.05.2014) und der sehr aufrüttelnd betitelte Bericht von Schiller U (1980).

[115]Vgl. von Randow G (2016); Süddeutsche Zeitung (01.05.2014); spiegel.de (03.11.2013); Bittner J (2007); Schiller U (1980); DasErste.de (undatiert).

[116]Denkbar wäre allerdings auch, dass es zwar tatsächlich zu dem befürchteten atomaren Schlagabtausch kommt, dieser jedoch nicht *jedes* menschliche Leben, sondern nur dessen EDV-gestützte kognitive und technische Infrastruktur komplett zerstört, sodass sich die Überlebenden die Fähigkeit zur kollektiven Selbstauslöschung und das dafür erforderliche Wissen, falls gewünscht, in einem mehrere Jahrhunderte dauernden Lernprozess vollkommen neu erarbeiten müssten.

[117]Vgl. dazu einerseits Jonas H (1987) Kap. 2 ad III.5. (S. 81: Die Existenz „des Menschen" dürfe nicht zum „Einsatz" gemacht werden) und andererseits Stein T (2014, S. 53 f.) (Die Frage, „wie weit … der Zeithorizont reichen soll, innerhalb dessen die jetzt lebende Generation die Interessen zukünftiger Generationen berücksichtigen soll, […] lasse sich] mit den Kriterien der Moralphilosophie nicht beantworten").

Die praktische Politik hat diese Frage bereits im Sinne der zweiten Alternative entschieden, indem sie sowohl beim Thema „Kernenergie und atomare Endlager" (s. oben) als auch auf internationalen Klimakonferenzen[118] lediglich auf Sicht fährt, dabei nicht oder nur wenig über das 21. Jahrhundert hinausdenkt – was bei großen internationalen Konferenzen wohl auch in der Natur der Sache liegt – und selbst für dieses sehr bescheidene Zeitfenster nur leicht zu unterlaufende[119] Minimallösungen anzubieten vermag.[120]

Generationenübergreifend faires Leben und Wirtschaften sieht anders aus. Selbst wenn man von der Hypothese ausginge, dass die noch verbleibende Restlebenszeit der Gattung *homo sapiens* nicht weit über 30.000 Jahre, sondern lediglich 1000 vielleicht sogar nur 500 Jahre beträgt, dürfte man sich gegenüber den Menschen, die während dieser Zeitspanne geboren werden, nicht aus der Verantwortung für die nachgelagerten Gefahren unserer gegenwärtigen Lebensweise stehlen. Zumindest in der Theorie[121] ist dies der weit überwiegenden Mehrheit aller denkenden Menschen vollkommen klar. Ebenfalls klar sollte dann aber auch sein, dass man die Anstrengungen zur Verminderung der bereits heute spürbaren[122] Klimaerwärmung selbst dann erheblich verstärken müsste, wenn man den Zukunftshorizont diesbezüglicher Fürsorge willkürlich und in gewisser Weise auch anmaßend auf 500 oder 1000 Jahre beschränkte. Gleiches gilt für die Bemühungen um eine gemeinverträgliche Energieerzeugung, um eine möglichst sichere Endlagerung der bereits heute vorhandenen gefährlichen Abfälle und für viele andere Elemente eines effektiven Umweltschutzes.

---

[118]Zur wechselvollen Geschichte internationaler Klimakonferenzen vgl. Frankfurter Allgemeine (14.12.2014); Neue Züricher Zeitung (14.12.2014); Wikipedia (http://de.wikipedia.org/wiki/UN-Klimakonferenz_in_Lima_2014); Bals C, Kreft S, Weischer L (2016); Ekardt F (2016); Eckert W (2016,a); ZEIT-ONLINE/dpa/AFP/Reuters (13.12.2015); Schellnhuber H J (2015,c); Schellnhuber H J (2016); Endres A (2016,b); Handelsblatt (09.11.2016).

[119]Ein besonders brisantes Beispiel, das bereits an früherer Stelle dieses Abschn. 4.2 thematisiert wurde, ist die von vielen Staaten jetzt wieder favorisierte Ersetzung fossiler Energie durch ebenfalls sehr gefährliche Atomenergie.

[120]Vgl. für Europa den ernüchternden Länderbericht von Saurer J (2016). Die U.S.A. könnten sich demnächst sogar vollständig vom Klimaschutz verabschieden wollen (vgl. Eckert W (2016,b); Endres A (2016,b); Schwarze R (2016); Handelsblatt (09.11.2016)).

[121]Zu dem gerade hier sehr großen Unterschied zwischen Theorie und Praxis vgl. Schellnhuber H J (2015a, S. 546 f.).

[122]Nachweise hierzu in mehreren Fn. zu Abschn. 4.1.

Der Weg von dieser Erkenntnis zur praktischen Umsetzung ist jedoch weit, vielleicht sogar zu weit. Denn es bleibt die Krux, dass im Zusammenhang mit Entscheidungen, die primär *künftige* Generationen betreffen, ein verhaltenssteuernder Gleichlauf von Herrschaft und Risikobeteiligung nicht wirklich existiert:[123] „Der Klimawandel und die Auswaschungsprodukte angeblich sicherer Atommülldeponien werden kommen," mag Mancher denken, „aber nicht während meiner Lebenszeit zu mir".[124] Die künstliche Stimulierung von Wirtschaftswachstum („Der Kuchen muss größer werden"[125]) hilft zwar, mit dem vollmundigen Slogan „Wohlstand für Alle" (Erhard L 1964) latente innerstaatliche Verteilungskonflikte zu überdecken und auf diese Weise die Arbeit des *gegenwärtigen* Politikbetriebs zu erleichtern.[126] Die um- und nachweltschädlichen Nebenwirkungen[127] dieser Konfliktbewältigungsstrategie werden jedoch von anderen, insbesondere von *künftigen*

---

[123]Vgl. auch Birnbacher D (2003, S. 81, 98); Birnbacher D (2014, S. 111 ff.); Otto M (2014, S. 156); Paech N (2015, S. 18, 49, 81 ff.).

[124]Eine ähnliche Formulierung („Der Klimawandel findet statt, mag mancher denken, aber nicht bei mir."), ebenfalls Ausdruck einer verbreiteten Nach-mir-die Sintflut-Mentalität (dazu https://de.wikipedia.org/wiki/Nach_uns_die_Sintflut), findet sich bei Otto M (2014), 156. Auch dort wird ein entsprechendes Verhalten nicht goutiert.

[125]Erhard L (1964, S. 216).

[126]Vgl. Erhard L (1964, S. 216); Biedenkopf K H (1985, S. 178) (Hinweis auf die besonders in Demokratien bestehende Neigung der Politiker, die zum Machterhalt erforderliche Verteilungsmasse durch forciertes Wirtschaftswachstum generieren zu lassen, dessen nachteilige Konsequenzen für Umwelt und Natur meist primär zulasten Dritter und Zukünftiger gehen werden); Miegel M (2010, S. 183, 201 f.); Stein T (1998, S. 270 f.) (Hinweis auf die These, dass Verteilungskonflikte meist in der Weise gebändigt würden, dass nicht die *Verteilung* des „Kuchens" geändert, sondern dessen *Substanz* vergrößert werde, wodurch dann auch die einzelnen „Stücke", egal ob es sich um relativ große oder um relativ kleine oder allerkleinste handele, objektiv größer würden); Paech N (2015, S. 112) (Hinweise auf andere „Wachstumstreiber" ebd. 103 ff.); Paech N (2012, S. 67 f., 73 f., 458 f.); Pletter R (2015, S. 3 ff.).

[127]Vgl. dazu die bereits in Abschn. 4.1 (Fn. 17) erwähnten Beiträge von Biedenkopf K H (1985, S. 127 ff., 169 ff.); Bahro R (1987, S. 22, 49, 58 ff., 65 ff., 71 ff., 84, 87 ff.); Biedenkopf K H (2016); Miegel M (2010, S. 63, 98 ff.); Franziskus (2015), Abs. 6, 106, 109, 141, 172, 193 ff. Sehr informativ auch Uchatius W (2009) sowie die dem Thema „Grenzen des Wachstums" (Limits to Growth) gewidmeten Studien von Meadows D H, Meadows D L, Randers J, Behrens III WW (1972); Randers J (2012, Englisch); Randers J (2012, Deutsch); Frankfurter Allgemeine (faz.net v. 07.05.2012); Paech N (2012 ZEIT-ONLINE); Paech N (2015, S. 71 ff., 113 ff.); Ewringmann D, Faber M, Petersen T, Zahrnt A (2012); Hänggi M (2014); Brost M, Schieritz M (2016). Erläuterungen zum im letztgenannten Beitrag erwähnten „Earth Overshoot Day" (Erdüberlastungstag) finden sich in folgenden Publikationen: Dapp T (2016); heute.de (08.08.2016); Schuler M (2016); Schwäbisches Tagblatt (08.08.2016); https://de.wikipedia.org/wiki/Earth_Overshoot_Day.

Menschen zu tragen sein. Solche Diskrepanzen zwischen Entscheidungsmacht und Risikotragung existieren nicht nur in Diktaturen, sondern auch in entwickelten Demokratien.[128] In einer Demokratie sind die maßgeblichen Entscheidungsträger in relativ kurzen Zeitabständen auf die Stimmen der Wähler angewiesen. Und Wähler sind, wie die Erfahrung zeigt, in der Masse leichter mit Steuergeschenken und anderen gegenwartsbezogenen Wohltaten als mit kostspieligen Zukunftsthemen zu gewinnen. Sieht man im Entzug der Wählergunst eine besondere Form der „Haftung" für Entscheidungen, die bei den aktuell Wahlberechtigten nicht mehrheitsfähig sind, könnte man in diesem Punkt sogar von einem „Gleichlauf" von Entscheidungsmacht und Haftung sprechen. Aus Sicht künftiger Menschengenerationen wäre solch ein Gleichlauf, weil nicht auch sie einbeziehend, aber nicht unbedingt ein segensreicher im Sinne des in der Einleitung (Kap. 1 Satz 4) Ausgeführten. Wie dem auch sei: Fest steht jedenfalls, dass auch in Demokratien allein schon aus Gründen des Machterhalts (oder des erhofften Machtgewinns) die Versuchung groß ist, die Kosten und Probleme der aktuellen Politik zu externalisieren, insbesondere sie in die Zukunft zu verschieben.[129] Die nicht enden wollende Suche nach einem geeigneten und politisch durchsetzbaren Standort für ein deutsches Atommüllendlager, die nach glaubhaften Bekundungen von Mitgliedern der Endlagerkommission noch rund 60 Jahre dauern wird,[130] ist hierfür ein beredtes Beispiel. Bleibt es bei dieser Prognose, werden die heute Zwanzigjährigen vermutlich erst nach ihrem achtzigsten Geburtstag erfahren, ob das erforderliche Atommül-

---

[128]Dazu bereits im zweiten Absatz dieses Abschn. 4.2.

[129]Biedenkopf K H (1985, S. 176 ff.); Stein T (1998, S. 189 ff., 199, 269 ff.); Stein T (2014, S. 50 ff.) (u. a. mit Hinweis auf eine den Individuen von der ökonomischen Theorie der Politik zugeschriebene „Gegenwartspräferenz in der Nutzenfunktion"); Gesang B (Autor) (2014, 19 ff.) (insb. 25); *Franziskus* (2015, 75 ff.) (besonders Abs. 178, 181). Von einer „Diktatur des Jetzt" spricht treffend Schellnhuber H J (2014, S. 42); Schellnhuber H J (2015a, S. 544) (Überschrift zu Kap. 24), 556.

[130]Der bisher in § 1 Abs. 3 des Standortauswahlgesetzes vorgesehene Zeitplan für die Suche nach einem geeigneten Gelände für den Bau eines Endlagers wird von der Kommission in bemerkenswerter Deutlichkeit als „unrealistisch" bezeichnet (Abschlussbericht Endlagerkommission 2016, S. 246). Für denkbar hält die Kommission einen möglicherweise (Abschlussbericht Endlagerkommission 2016, S. 244 ff.) einen Zeitraum von 41 Jahren (in einem „optimistischen Szenario") bzw. von 58 Jahren (in einem „realistischen Szenario") bzw. von 77 Jahren (in einem „pessimistischen Szenario"), jeweils incl. 4 bis 7 Jahre für „Rechtsschutz" (vgl. Thomauske B, Kudla W 2016, S. 1, 12, 14 ff.). Zum voraussichtlichen Zeitpunkt der **Fertigstellung und Inbetriebnahme** eines Endlagers vgl. Thomauske B, Kudla W (2016 S. 17): „Bei realistischer Zeitplanung ist mit einer Einlagerung der ersten Abfälle in etwa 100 Jahren (Jahr 2117) zu rechnen. Bei optimistischer Zeitplanung ist eine Einlagerung der ersten Abfälle in etwa 70 Jahren zu erwarten (Jahr 2088) und bei pessimistischer Einschätzung erst nach 131 Jahren" (Jahr 2150; vgl. Tabelle ebd. S. 17).

lendlager tatsächlich in Deutschland[131] und wenn ja, ob es in ihrer näheren Nachbarschaft oder in größerer Entfernung errichtet werden wird oder ob es nach dem politischen Kalkül der dann die Regierungsverantwortung ausübenden Personen vielleicht sogar am besten wäre, die Sache von einer neuen Kommission nach neuen Kriterien von Grund auf neu untersuchen zu lassen.

Nach allem ist nicht zu bestreiten, dass die Risikoverlagerung auf künftige Generationen nicht nur in Diktaturen, sondern auch in Demokratien zur gelebten Normalität gehört. Im Verhältnis der heute Lebenden zu künftigen Menschengenerationen ist ein verhaltenssteuernder Gleichlauf von Herrschaftsmacht und Selbstbetroffenheit nicht erkennbar. Nicht einmal der Glaube an eine Religion, deren Gott besonders schwere diesseitige Verfehlungen mit ewiger Verdammnis im unendlichen Jenseits bestraft,[132] wird mit einer Intensität, die dem Schutzbedürfnis künftiger Generationen annähernd gerecht werden könnte, als eine hinreichend verhaltenssteuernde Selbstbetroffenheit wahrgenommen.[133] Die Gründe für diese eigenartig unlogische Wahrnehmung bzw. Nichtwahrnehmung der eigenen Selbstbetroffenheit sind vielschichtig. Eine Rolle spielen neben dem Inhalt der jeweiligen Religion vermutlich der Grad der Unversöhnlichkeit der göttlichen Strafandrohung, die Stärke des individuellen Glaubens sowie ein das individuelle Unrechts- und Schuldbewusstsein massiv trübender Hang des Menschen, sein Verhalten dem jeweiligen Mainstream anzupassen.[134] Einen schweren Stand hat vor

---

[131]Zu denkbaren – aber auch ethisch vertretbaren? – Alternativen vgl. Uken M (2013) (Atommüllexport nach Russland?); Zoll P (2016) (Atommüllexport nach Südaustralien?); spiegel. de (05.01.2015) (Energiemanager würden Atommüll evtl. ins Ausland bringen wollen).

[132]Erwähnenswert und selbst für Nichtgläubige beeindruckend ist der von Scherbel A (2003) unternommene Versuch, eine Verpflichtung der jetzt lebenden Menschen zur Rücksichtnahme auf das Lebensrecht und die Interessen künftiger Menschengenerationen „theologisch … aus dem Schöpfungsglauben der drei großen monotheistischen Weltreligionen" (S. 176) abzuleiten. In dieselbe Richtung weist Franziskus (2015) in seiner Enzyklika Laudato Si´. Eher darstellenden Charakter haben die auch andere Religionen einbeziehenden Beiträge in Golser K (Hrsg.) (1992).

[133]Grundsätzliche Kritik des hier thematisierten Kalküls findet sich bei Jonas H (1987) Kap. 2 ad III.5. (S. 81 f.).

[134]Manche sprechen in diesem Zusammenhang von einem entwicklungsgeschichtlich begründeten menschlichen „Herdenverhalten". Mit solchen Phänomenen befassen sich: Schmidt W (2014); Vocke K, Reichl A (2009) (mit Beispielen aus den Bereichen Politik, medizinische Untersuchungen, Verbrauchermarketing, Finanzmarkt und Kriminalität); Bingyu Z (2009) (eine Analyse des durch Informations- und Zahlungsexternalitäten verursachten Herdenverhaltens im Hinblick auf Investitionsentscheidungen). Bemerkenswert auch Rauser K-D (2016), 13: „Zentraler Auslöser" für menschliches Verhalten und damit auch „Hebel für Verhaltensänderungen" sei das Streben des Menschen nach einem positiven Feedback seiner Mitmenschen, mit dieser sozialen Motivation lasse sich „nahezu das komplette Verhalten eines Menschen" erklären (vgl. auch ebd. 14 ff., 26 ff.).

diesem Hintergrund auch der in der päpstlichen *Enzyklika Laudato Si´* unternommene Versuch, den heutigen Menschen bewusst zu machen, dass mit dem Schicksal künftiger Generationen auch „unsere eigene Würde auf dem Spiel" stehe, dass die heute Lebenden „die Ersten" seien, die daran interessiert seien, der nach uns kommenden Menschheit einen bewohnbaren Planeten zu hinterlassen, und dass dieses „kritisch den Sinn unseres eigenen Lebensweges auf dieser Erde" beleuchtende Thema „ein Drama für uns selbst" sei (Franziskus (2015), Abs. 160[135]).

Neben solchen religiös geprägten findet man auch zahlreiche ethische, soziologische und politische Denkansätze.

Besonders hervorzuheben ist die von Hans Jonas in seinem 1979 erschienenen und im vorliegenden essential nach der 7. Auflage (1987) zitierten Buch „Das Prinzip Verantwortung. Versuch einer Ethik für die technologische Zivilisation" entwickelte Verantwortungsethik.[136] Bei dieser handelt es sich im Kern um eine den Schutz nicht nur gegenwärtiger, sondern auch künftiger Menschengenerationen[137] in den Fokus nehmende „Ethik der Fernverantwortung",[138] die bei Jonas zugleich eine zukunftsethische Variante[139] des Kant'schen kategorischen Imperativs[140] beinhaltet.

---

[135]In dieselbe Richtung weist die Formulierung der Enzyklika (Franziskus 2015, Abs. 202), dass „das Bewusstsein des gemeinsamen Ursprungs, einer wechselseitigen Zugehörigkeit und einer von allen geteilten Zukunft", an dem es gegenwärtig jedoch fehle, die Entwicklung neuer Überzeugungen, Verhaltensweisen und Lebensformen erlauben würde.

[136]Begründet von Jonas H (1987) mit Vorankündigung im Vorwort S. 8 f. und Manifestierung in Kap. 6 ad III. (S. 388 ff.).

[137]Vgl. Jonas H (1987) Kap. 2 ad III. (S. 76 ff.).

[138]So ausdrücklich Jonas H (1987) Kap. 2 ad I.3. (S. 63). Diesen Ansatz aufnehmend und teilweise variierend Birnbacher D (1988); Birnbacher D (2003), 81 ff. (m.w.N.); Birnbacher D (2014), 113 ff.

[139]Jonas H (1987) Kap. 1 ad V. (S. 36): „Handle so, dass die Wirkungen deiner Handlungen verträglich sind mit der Permanenz echten menschlichen Lebens auf Erden." Hierauf Bezug nehmend viele spätere Autoren wie z. B. Stein T (2014); Tremmel J (2003a, S. 27, 51); Paech (2015, S. 57 f.).

[140]Die kantsche Grundfassung des kategorischen Imperativs lautet: „Handle nur nach derjenigen Maxime, durch die du zugleich wollen kannst, dass sie ein allgemeines Gesetz werde" (Immanuel Kant, Grundlegung zur Metaphysik der Sitten, 1785, S. 60 (in der unter www.morelightinmasonry.com/wp-content/uploads/2014/06/Kant-Grundlegung-Zur-Metaphysik-Der-Sitten.pdf abrufbaren Ausgabe der Digitalen Bibliothek) bzw. S. 421 (in der 1900 ff. erschienenen Ausgabe der Preußischen Akademie der Wissenschaften, abrufbar unter https://korpora.zim.uni-duisburg-essen.de/Kant/aa04/421.html). Zu den zahlreichen Varianten des kategorischen Imperativs vgl. https://de.wikipedia.org/wiki/Kategorischer_Imperativ.

Zu nennen sind ferner die engagierten Bemühungen zur Entwicklung einer sog. Nachhaltigkeitsethik,[141] eines die menschheitsexistenziellen Aspekte der verschiedenen Ethiken in sich aufnehmendes Weltethos (dazu bereits Abschn. 4.1), eine die Verantwortung für künftige Generationen, den Schutz der natürlichen Lebensgrundlagen und den Tierschutz thematisierenden Staatszielbestimmung nach Art des Art. 20a GG,[142] die Durchführung internationaler Klimakonferenzen mit dem Ziel der Begrenzung der Erderwärmung[143] sowie Vorschläge zur Einrichtung einer supranationalen Institution[144] und/oder zu behutsamen[145] Ergänzungen des in vielen Staatsverfassungen verankerten Gewaltenteilungssystems.[146]

Die Wirksamkeit auch dieser Instrumente ist jedoch begrenzt:

Die an das Individuum adressierten ethischen Gebote und die Ergänzung von Staatsverfassungen um Staatszielbestimmungen, die sich auch die Verantwortung für künftige Generationen auf die Fahnen schreiben, drohen im wirklichen Leben zu scheitern an einer sowohl das Wirtschaftsleben als auch viele andere menschliche Aktivitäten prägenden Schwarm- und Wachstumsmentalität, deren arbeitsteilige

---

[141]Zu dieser Wissenschaftsdisziplin vgl. Carnau, P (2011) sowie die kritische Rezension von Tremmel J (2013b).

[142]Wortlaut des Art. 20a GG: „Der Staat schützt auch in Verantwortung für die künftigen Generationen die natürlichen Lebensgrundlagen und die Tiere im Rahmen der verfassungsmäßigen Ordnung durch die Gesetzgebung und nach Maßgabe von Gesetz und Recht durch die vollziehende Gewalt und die Rechtsprechung." Ob das mehr ist als unverbindliche Verfassungslyrik, kann man bezweifeln.

[143]Dazu wurde bereits an früherer Stelle dieses Abschn. 4.2 Einiges gesagt.

[144]In diese Richtung argumentierend Birnbacher D (2003), 100 f.; Birnbacher D (2014), 118 ff.; Franziskus (2015) Abs. 175.

[145]Das Erfordernis der Behutsamkeit besonders betonend Birnbacher D (1988, S. 258 ff.) und Birnbacher D (2014) vor dem Hintergrund seines noch weitgehend intakten Vertrauens in die zukunftsethische Kompetenz und die persönliche Unabhängigkeit der auf Wählerstimmen angewiesenen Parlamentarier und Regierungen. In der Bewertung ähnlich Stein T (1998, S. 201 ff.).

[146]Die ideengeschichtlichen Grundlagen sowie die Vorteile und Risiken solcher Verfassungsergänzungen beleuchten Stein T (1998, S. 201 ff.); Tremmel J (2013a); Tremmel J (2014); vgl. auch Gesang B (2016, S. 109 ff., 113 ff., 122 ff.).

Gruppendynamik[147] für ganzheitliches Denken und Wissen wenig Raum lässt[148] und über individuelles wie auch kollektives Fehlverhalten[149] den Schleier gefühlter Normalität legt.[150]

Nicht in gleichem Maße gilt dies für die im Schrifttum[151] angedachte sog. „vierte Staatsgewalt", deren Aufgabe darin bestehen könnte, Entscheidungen, deren Wirkungen generationsübergreifend sind, durch zukunftsweisende Empfehlungen zu beeinflussen oder sie im Extremfall sogar mit verbindlicher Wirkung auch für die drei anderen Staatsgewalten selbst zu treffen. Sehen muss man allerdings die Gefahr, dass damit eine Instanz geschaffen würde, die irgendwann zu

---

[147]Manche sehen darin bereits ein Zeichen von (Schwarm-)Intelligenz. Vgl. zu diesem Phänomen Kaspar F (2015); Hofmann L (2014); Schimmelpfennig C, Jenewein W (2014). Eine moderne Form menschlicher Schwarm*aggressivität* ist im Zeitalter der digitalen Kommunikationstechnik der sog. „Shitstorm"; vgl. dazu Folger M (2014), Scherg C (2011) und http://de.wikipedia.org/wiki/Shitstorm. Zum verwandten Phänomen des Herdentriebs s. o. Fn. 134 (zu Kap. 4).

[148]Dazu auch Fülöp S (2014, S. 67, 68); Franziskus (2015), Abs. 49, 56, 106 ff., 110, 113, 178, 197, 201.

[149]Dies gilt insbesondere für die in Nordamerika und Europa allgegenwärtigen Verstöße gegen den oben im Text erwähnten zukunftsethischen Imperativ. Vgl. Paech N (2015, S. 57 ff., 99 ff.).

[150]Ähnlich bereits Jonas H (1987) Kap. 2 ad II. vor 1. (S. 26): Die „nächste, tägliche Sphäre menschlicher Wechselwirkung ... [sei] überschattet von einem wachsenden Bereich kollektiven Tuns, in dem Täter, Tat und Wirkung nicht mehr dieselben sind wie in der Nahsphäre, und der durch die Enormität seiner Kräfte der Ethik eine neue, nie zuvor erträumte Dimension der Verantwortung aufzwingt". Vgl. auch Franziskus (2015), Abs. 56. Eine „organisierte Unverantwortlichkeit" konstatiert Beck U (1988), 103 ff. in der von ihm beschriebenen „Risikogesellschaft" (dazu als Gegenstrategie eine feedbackbasierte Re-Individualisierung von Schuld und Schuldbewusstsein postulierend Rauser K-D (2016, S. 26 ff.). In unternehmens- und gesellschaftsrechtlichen Zusammenhängen wird die Frage einer die persönliche Verantwortlichkeit des Einzelnen reduzierenden Funktion der Arbeitsteilung und der partiellen Unbeherrschbarkeit der von einem Unternehmen ausgehenden Risiken kontrovers thematisiert von Limbach J (1966, S. 118 f.) und Immenga U (1970, S. 123).

[151]Vgl. Stein T (1998, S. 201 ff.); Tremmel J (2013a); Tremmel J (2014); Gesang B (2016, S. 109 ff., 113 ff., 122 ff.) Bemerkenswert auch Franziskus (2015), Abs. 53: Es sei „notwendig, *leaderships* (dazu auch ebd. Abs. 164) zu bilden, die Wege aufzeigen, indem sie versuchen, die Bedürfnisse der gegenwärtigen Generationen unter Einbeziehung aller zu berücksichtigen, ohne die kommenden Generationen zu beeinträchtigen". Auch sei es „unerlässlich, ein Rechtssystem zu schaffen, das unüberwindliche Grenzen enthält und den Schutz der Ökosysteme gewährleistet, bevor die neuen Formen der Macht, die sich von dem techno-ökonomischen Paradigma herleiten, schließlich nicht nur die Politik zerstören, sondern sogar die Freiheit und die Gerechtigkeit."

einer Kaste selbstgerechter Moralwächter[152] mutieren könnte, welche nicht nur die immanenten Schwächen des Demokratieprinzips wie z. B. das eher durch Wahltermine als durch Ewigkeitsthemen motivierte Handeln der Volksvertreter[153] behutsam kompensiert, sondern die Demokratie nahezu vollständig beseitigt (was nicht zu goutieren wäre)[154] und an ihre Stelle eine alle Lebensbereiche beherrschende Diktatur setzt.[155] Bei der konkreten Ausgestaltung einer „vierten Staatsgewalt" und vor allem ihrer Kompetenzen wäre also ein hohes Maß an Vorsicht und Fingerspitzengefühl gefragt. Als nicht ganz so weitgehende Alternative

---

[152]Bahro R (1987) spricht von einem analog dem britischen „House of Lords" einzurichtenden „House of The Lord" (491) bzw. von einer „unsichtbaren Kirche", die „das eigentliche Organ zur Artikulation und Interpretation der Gottheit" sei und deren Aufgabe darin bestehen könne, „die ständige und möglichst hohe, differenzierte Bewusstheit über die allgemeinen Bedingungen und Notwendigkeiten unserer menschlichen Existenz, unserer gesamtnatürlichen Verantwortung und unseres weiteren Aufstiegs zur Freiheit, Wahrheit, Schönheit einzuüben und aufrechtzuerhalten" (494). Vgl. dazu die Kritik von Stein T (1998, S. 209 ff., 223 ff., 271).

[153]Vgl. zu diesem Thema die Hinweise bei Fn. 44 ff., 128 f. (zu Kap. 4) sowie bei Birnbacher D (1988, S. 258 ff.) (die ethische Zukunftsfähigkeit jedenfalls der „indirekten" Demokratie grundsätzlich bejahend); Birnbacher D (2014, S. 111 ff.) (mit gleicher Grundtendenz wie zuvor); Gesang B (2014), 19 ff. (insb. 25); Gesang B (2016, S. 103 ff.); Stein T (2014, S. 50 ff.); Franziskus (2015, S. 75 ff.) (insbesondere Abs. 178, 181). Von einer „Diktatur des Jetzt" spricht treffend Schellnhuber H J (2014, S. 42); Schellnhuber H J (2015a, S. 544) (Überschrift zu Kap. 24), 556.

[154]Die Frage, ob die *Abschaffung* der Demokratie ein geeignetes und akzeptables Mittel wäre, um die künftige Generationen vor allzu egoistisch verfolgten Eigeninteressen der gegenwärtig lebenden Menschen wie insbesondere Politiker und Wähler zu schützen, ist Gegenstand der mögliche Denkverbote radikal hinter sich lassenden und der verneinenden Antwort gerade deshalb hohe Glaubwürdigkeit verleihenden Überlegungen von Jonas H (1987) Kap. 5 ad III.3.b (S. 262 f. mit der Überschrift „Der Vorteil totaler Regierungsgewalt"), Kap. 5 ad VI.4.a (S. 298 mit der Überschrift „Demoralisierende Wirkung der Despotie"), Kap. 6 ad II.A.3.c (S. 340: „Fanatismus mit all seinem Hang zur Erbarmungslosigkeit"). In der Bewertung übereinstimmend Stein T (1998, S. 11 ff., 201 ff., 267 ff., 270) (die nicht mit diktatorischen Regierungsformen, sondern gerade mit den „pluralistischen Verfahren der Demokratie" große Hoffnungen im Hinblick auf eine „Stärkung der so dringend benötigten klugen Problemperzeption und Lösungssuche" verbindet).

[155]Die Gefahr einer „demokratisch nicht legitimierten Öko- bzw. Zukunftsdiktatur" thematisiert im letzten Satz des Gliederungspunkts „Kernfragen" auch Tremmel J (2014) für den Fall, dass die angedachte „Zukunftsinstanz" mit der Befugnis ausgestattet werde, demokratisch beschlossene Gesetze aufzuhalten.

könnte man die evtl. Schaffung eines sog. „ökologischen Rats"[156] in Betracht ziehen. Ob einer dieser Wege tatsächlich beschritten oder vielleicht eher auf inter- oder supranationale Lösungen[157] oder auf wie auch immer zu konstruierende Kombinationsmodelle gesetzt werden sollte, mag hier offenbleiben. Gleiches gilt für die ebenso naheliegende wie unbequeme Frage, wie eine von Menschen geschaffene Treuhandschaft für künftige Generationen mit dem Dilemma umgehen würde, dass sich ein Gemeinwesen, das bereit ist, auf *jede* die Lebensgrundlagen künftiger Generationen gefährdende Maßnahme der Energiegewinnung, des sonstigen Wirtschaftens und der Bewaffnung zu verzichten,[158] dem Risiko aussetzen würde, im globalen wirtschaftlichen und militärischen Wettrüsten[159] schnell auf die Verliererseite zu geraten und so zur leichten Beute von Aggressoren zu werden, die ihr Verhalten ausschließlich am Hier und Jetzt ausrichten.[160] Es wäre eine zwar böse aber nicht unlogische[161] Ironie der Geschichte, wenn sich ausgerechnet die Eigenschaften, die den Menschen zur Unterwerfung vieler anderer Lebewesen befähigt haben, mit zunehmendem Anwachsen der technischen Möglichkeiten im Endeffekt[162] auch gegen die Menschheit als solche richten würden.

---

[156]Vgl. Stein T (1998, S. 252 ff., 273); Stein T (2014, S. 59 ff.).

[157]In diese Richtung weisend Birnbacher D (2003, S. 100 f.); Birnbacher D (2014, S. 118 ff.); Franziskus (2015), Abs. 175.

[158]Sehr konsequent in diese Richtung argumentierend Bahro R (1987, S. 14 ff., 466 ff.); Paech N (2015, S. 113 ff., 143 ff.)

[159]Vgl. zu diesem Phänomen Auer M (2009, 33 ff.).

[160]Diese Frage nicht thematisierend Bahro R (1987); Paech N (2015) und Rauser K-D (2016).

[161]Ähnlich Rauser K-D (2016), 5 („Evolutionary Suicide"), 26 f., 39; vgl. auch die von May E R (1988), 27 erwähnten Bemerkungen der früheren US-Präsidenten Truman, Eisenhover und Kennedy.

[162]„Endeffekt" ist in diesem Zusammenhang anthropozentrisch gedacht, insofern also ungenau.

Schlussbemerkungen 5

Die Untersuchung hat gezeigt, dass das Prinzip des Gleichlaufs von Herrschaft und Risikobeteilung (Kap. 1) zwar in den Niederungen des Gesellschaftsrechts (Kap. 2 Abschn. 2.1) und des Insolvenzrechts (Kap. 2 Abschn. 2.2)[1] einige Spuren hinterlassen hat, im Zusammenhang mit den großen Fragen unserer Zeit aber weitgehend leerläuft (Kap. 3 und 4). Ausgeklammert blieben hier das allgemeine Privatrecht, in dem sich durchaus einige Ausprägungen des Prinzips hätten finden lassen,[2] und das öffentliche Recht, soweit es sich nicht gerade mit Banken, Finanzmarkt, Schutz natürlicher Lebensgrundlagen, Staatszielbestimmung und demokratischer Willensbildung befasst. Ebenfalls nicht Gegenstand der Betrachtung waren die general- und spezialpräventiven Wirkungen des Strafrechts. Denn Fehlentwicklungen, die das staatliche Recht an anderer Stelle wie etwa im Bank- oder im Umweltrecht resignierend in Kauf nimmt und mit dem Stempel der

---

[1]Vgl. ergänzend Marotzke W (2014) und Marotzke W (2015 ZInsO). Der Fokus dieser beiden Aufsätze liegt aber primär auf den im Insolvenzverfahren anzutreffenden *Disharmonien* zwischen Herrschaft und Risikobeteilung. Zur im letztgenannten Beitrag geübten satirischen Kritik des § 14 Abs. 1 Satz 2 und Abs. 3, des § 26a InsO, des § 23 Abs. 1 Satz 4 GKG und eines diesbezüglichen Gesetzentwurfs der Bundesregierung vgl. Laroche P (2015).

[2]Als Jurist denkt man in diesem Zusammenhang insbesondere an die Gefährdungshaftung (Kap. 1 Fn. 12) und an die argumentative Rechtfertigung der sog. Verkehrssicherungspflichten und der Produkthaftung.

© Springer Fachmedien Wiesbaden GmbH 2017
W. Marotzke, *Risikobeteilung und Verantwortung als notwendige Machtkorrektive*, essentials, DOI 10.1007/978-3-658-16698-4_5

Rechtmäßigkeit versieht, sind keine tauglichen Gegenstände staatlicher Strafandrohung.[3] Sehr viel weiter als (säkulares) staatliches Recht reichen jedoch die grundlegenden Verhaltensanforderungen der Ethik, der Moral und vieler Religionen. Wer bestimmte ethische, moralische oder religiöse Verhaltensanforderungen verinnerlicht hat, ist in gewisser Weise auch persönlich betroffen, wenn er diese verletzt. Jedoch beschränkt sich die im Hier und Jetzt gefühlte Selbstbetroffenheit auf das Risiko quälender Gewissensbisse,[4] auf die Gefahr des Reputationsverlusts gegenüber anderen Menschen,[5] auf das Risiko harscher Verurteilung durch die spätere Geschichtsschreibung[6] und, bei entsprechender religiöser Disposition, auf die Gefahr der Missbilligung durch einen auf die Bewahrung seiner Schöpfung

---

[3]Vom Strafrecht nahezu unbehelligt bleiben insbesondere die schädlichen Auswüchse der nicht nur in Nordamerika und Europa, sondern inzwischen auch in vielen anderen Staaten um sich greifenden und z. T. sogar noch geförderten Wirtschaftswachstums-, Konsum- und Wegwerfmentalität. Obwohl deren zerstörerische Wirkungen heute hinlänglich bekannt sind (vgl. zu den Gefahren überbordenden Wirtschaftswachstums und den Gründen seiner angeblichen Unverzichtbarkeit die in Kap. 4 Fn. 126 f. Genannten), beteiligen sich viele Menschen, die es sich finanziell leisten können, weiterhin massenhaft an dem verschwenderischen Treiben und zahlen sogar freiwillig eine Zusatzprämie dafür, dass ihnen als Ersatz für die leidende Um- und Nachwelt eine ästhetisch perfekte virtuelle Ersatzwelt (Kap. 4 Fn. 111) verkauft wird. Genussvolle Gedankenlosigkeit und deren geschäftstüchtige Ritualisierung durch eine primär das allgemeine Wohlgefühl bedienende Freizeitverschönerungsindustrie sind schleichende Gifte, die verantwortungsbewusstes Handeln jenseits des gefühlten räumlichen und zeitlichen Nahbereichs im Keim zu ersticken drohen.
[4]Andeutend Paech N (2015, S. 148 f.)
[5]Diesen Aspekt andeutend thematisierend Franziskus (2015), Abs. 181. Ihn zum Dreh- und Angelpunkt seines sicherlich gut gemeinten, aber in der Methode teilweise beängstigenden Arterhaltungsprogramms erhebend Rauser K-D (2016), 13: „Zentraler Auslöser" für menschliches Verhalten und damit auch „Hebel für Verhaltensänderungen" sei das Streben des Menschen nach einem positiven Feedback seiner Mitmenschen, mit dieser sozialen Motivation lasse sich „nahezu das komplette Verhalten eines Menschen" erklären; vgl. auch ebd. 14 ff., 26 ff.
[6]„Wie wird eine spätere Geschichtsschreibung … urteilen? Und wie wird das Urteil der Geschichte über mich lauten?" Diese Fragen stellte sich im Zusammenhang mit einer militärischen Rückzugsentscheidung im Kriegsjahr 1944 der damalige Feldmarschall Erwin Rommel, dokumentiert im Tagebucheintrag v. 16.04.1944, hier zitiert nach Irving D (1978, S. 159).

bedachten Gott.[7] Als weiterer Bezugspunkt verhaltenssteuernder Selbstbetroffenheit kommt vielleicht noch ein im menschlichen Selbsterhaltungstrieb angelegter individueller oder kollektiver Arterhaltungswunsch in Betracht.[8] Ob dieser Kanon möglicher Betroffenheitsempfindungen stark genug ist, um ein Verhalten hervorzubringen, mit dem nicht nur den kleinen, sondern auch den großen und weit in die Zukunft reichenden Menschheitsgefahren angemessen begegnet werden kann, ist ungewiss.[9] Denn als Alternative lockt verführerisch die Aussicht auf ein rauschendes, aber menschheitsgeschichtlich kurzes Fest.

---

[7]Zur theologischen Begründbarkeit und zeitlichen Reichweite religiöser Schöpfungsbewahrungsgebote vgl. Kap. 4 Abschn. 4.2 (bei Fn. 132 ff.) sowie Golser K (Hrsg.) (1992); Scherbel A (2003); Franziskus (2015), jeweils kurz kommentiert in Kap. 4 Fn. 132. Gottesgläubigen Menschen rät die in diesem essential ab Kap. 4 des Öfteren zitierte päpstliche *Enzyklika Laudato Si´* nach vielen guten Sach- und Verfahrensvorschlägen schlussendlich zum Gebet (Franziskus 2015, Abs. 246). Ob das zielführend ist, mag dahinstehen. Den Ernst der Lage hat der Verfasser der Enzyklika aber zweifellos erkannt. Jedoch wird eine nachhaltige Wendung zum Besseren nur zu erreichen sein, wenn Angehörige aller Wissenschaftszweige, Weltanschauungen, Religionen und gesellschaftlicher Gruppen bereit sind, der drohenden Katastrophe durch gemeinsame Anstrengungen entgegenzuwirken, und sich von diesem Weg auch nicht durch die allerdings naheliegende Vermutung abbringen lassen, dass weder unsere nahen und noch unsere ferneren Nachkommen bessere Menschen sein werden als wir selbst. Unter dieser Voraussetzung erscheint ein respektabler Zeitgewinn durchaus denkbar, im günstigsten Fall sogar ein dauerhafter Burgfriede zwischen den ihre gemeinsame Langzeitaufgabe (Kap. 4 Fn. 132) in Zukunft hoffentlich verstärkt *gemeinsam* wahrnehmenden Religionen.

[8]Optimistisch Bahro R (1987, S. 16 f.). Mächtige Gegenspieler des Selbsterhaltungstriebs sind jedoch eine weit verbreitete kollektive Gleichgültigkeit (Kap. 5 Fn. 3) eine mitunter sogar offen zur Schau getragene Nach-mir-die-Sintflut-Mentalität (Kap. 4 Fn. 124) und der sich im Ausmaß des heutigen Umweltverbrauchs, insbesondere des Energieverbrauchs, manifestierende Hang zu genussvoller Selbstgefährdung.

[9]Vgl. Fn. 3, 5, 7 f. sowie die Ausführungen in Kap. 4 (insbesondere bei Fn. 133 ff.).

Was Sie aus diesem *essential* mitnehmen können

- Gedanken zum Wesen der Risiko(verlagerungs)gesellschaft und zum Schicksal künftiger Menschengenerationen
- Benennung und Bewertung von Handlungsalternativen
- Umfangreiche Quellenangaben zur Vertiefung des Themas

© Springer Fachmedien Wiesbaden GmbH 2017
W. Marotzke, *Risikobeteiligung und Verantwortung als notwendige Machtkorrektive,* essentials, DOI 10.1007/978-3-658-16698-4

Literatur

Abschlussbericht Endlagerkommission (2016) Abschlussbericht der Kommission Lagerung hoch radioaktiver Abfälle vom 05.07.2016. www.bundestag.de/blob/434430/35fc29d72 bc9a98ee71162337b94c909/drs_268-data.pdf. Zugegriffen: 16.09.2016

Admati A, Hellwig M (2014) Des Bankers neue Kleider. 2. Aufl. Finanzbuch Verlag, München

Agence Nationale pour la gestion des Déchets Radioactifs - Andra (2012) Betrieb des Zentrums. www.cigéo.com/de/betrieb-des-zentrums. Zugegriffen: 16.09.2016

Albrecht H, Schmitt S (2015) Virtuelle Realität: Wie echt! In: DIE ZEIT Nr. 49/2015, http://pdf.zeit.de/2015/49/virtuelle-realitaet-technik-alltag.pdf. Zugegriffen: 02.11.2016

Alich H (2016) Die Banken-Revoluzzer. In: Handelsblatt vom 01.03.2016 www.handelsblatt.com/finanzen/anlagestrategie/trends/vollgeld-initiative-die-banken-revoluzzer/v_detail_tab_print/13035484.html. Zugegriffen: 16.09.2016

Altmeppen H (2013) Ist das besicherte Gesellschafterdarlehen im Insolvenzverfahren der Gesellschaft subordiniert oder privilegiert? Zeitschrift für Wirtschaftsrecht (ZIP), S. 1745 ff. Köln: RWS Verl. Kommunikationsforum

ARD-Bericht vom 30.07.2015. Deutsche Bank wieder vorn dabei. http://boerse.ard.de/aktien/deutsche-bank-wieder-vorn-dabei100.html. Zugegriffen: 16.09.2016

Auer M (2009) Wie kommt der Krieg in die Welt? Konflikt, Kooperation und Konkurrenz unter dem Gesichtspunkt der Selbstorganisation von Systemen. Verlag: edition dasbuchda. Zitiert nach rtf-Datei aus www.martinauer.net/krieg_u_gen/. Zugegriffen: 16.09.2016

Badische Zeitung (13.11.2014) Bundesbanker wettern gegen Zentralbankchef Draghi. www.badische-zeitung.de/wirtschaft-3/bundesbanker-wettern-gegen-zentralbankchef-draghi--92713093.html. Zugegriffen: 19.09.2016.

Bahro R (1987) Logik der Rettung. Weitbrecht Verlag, Stuttgart

Bals C, Kreft S, Weischer L (2016) Wendepunkt auf dem Weg in eine neue Epoche der globalen Klima- und Energiepolitik. Die Ergebnisse des Pariser Klimagipfels COP 21. https://germanwatch.org/de/download/13982.pdf. Zugegriffen: 16.09.2016

Bauer D, Schuster G (Hrsg) (2016) Nachhaltigkeit im Bankensektor. Otto Schmidt Verlag, Köln

Bauer D, Schuster G (als Autoren) (2016) Nachhaltigkeit im Wandel. In: Bauer D, Schuster G (Hrsg) (2016) Nachhaltigkeit im Bankensektor. Otto Schmidt Verlag, Köln, S. 1 ff.

© Springer Fachmedien Wiesbaden GmbH 2017
W. Marotzke, *Risikobeteiligung und Verantwortung als notwendige Machtkorrektive,* essentials, DOI 10.1007/978-3-658-16698-4

Beck H (2005) Kalkulierte Liebe. www.faz.net/aktuell/wirtschaft/oekonomie-kalkulierte-liebe-1282231.html?printPagedArticle=true#pageIndex_2. Zugegriffen: 16.09.2016

Beck U (1986) Risikogesellschaft. Auf dem Weg in eine andere Moderne. Suhrkamp Verlag, Frankfurt

Beck U (1988) Gegengifte. Die organisierte Unverantwortlichkeit. Suhrkamp Verlag, Frankfurt

Beck U (2007) Weltrisikogesellschaft: Auf der Suche nach der verlorenen Sicherheit. Suhrkamp Verlag, Frankfurt

Becker A (2003) Generationengerechte Finanzpolitik, in: Handbuch Generationengerechtigkeit, S. 243 ff. www.generationengerechtigkeit.de/images/stories/Publikationen/buecher/handbuch_deutsch.pdf. Zugegriffen: 16.09.2016

Beckmann A (2014) Das gefährlichste Jahr im Kalten Krieg, gesendet im Deutschlandfunk am 29.05.2014. www.deutschlandfunk.de/geschichte-das-gefaehrlichste-jahr-im-kaltenkrieg.1148.de.html?dram:article_id=287682. Zugegriffen: 16.09.2016

Behrens C (2016) Wie Klimawandel und Starkregen zusammenhängen. In: Süddeutsche Zeitung vom 03.06.2016. www.sueddeutsche.de/wissen/unwetter-wie-klimawandel-und-starkregen-zusammenhaengen-1.3017830. Zugegriffen: 16.09.2016

Bergmann N (2016) Versinkende Inselstaaten – Auswirkungen des Klimawandels auf die Staatlichkeit kleiner Inselstaaten. Duncker & Humblot Verlag, Berlin

Bericht (2014) Bericht der unabhängigen Untersuchungskommission zur transparenten Aufklärung der Vorkommnisse rund um die Hypo Group Alpe-Adria vom 02.12.2014. www.untersuchungskommission.at/pdf/BerichtHypo-Untersuchungskommission.pdf. Zugegriffen: 22.09.2016

Bidder B (2010) Der Mann, der den dritten Weltkrieg verhinderte. www.spiegel.de/einestages/vergessener-held-a-948852.html. Zugegriffen: 16.09.2016

Biedenkopf K H (1985) Die neue Sicht der Dinge. 2. Aufl. Piper Verlag, München

Biedenkopf K H (2016) Der Westen ist nicht mehr weit vom Chaos entfernt. In: Wirtschaftwoche vom 24.02.2016. www.wiwo.de/politik/europa/kurt-biedenkopf-die-religion-ist-nichts-irrationales/12999954-3.html. Zugegriffen: 16.09.2016

Binder J H (2015,a) Komplexitätsbewältigung durch Verwaltungsverfahren? Krisenbewältigung und Krisenprävention nach der EU-Bankensanierungs- und -abwicklungsrichtlinie. Zeitschrift für das gesamte Handels- und Wirtschaftsrecht (ZHR) 179, 2015, S. 83 ff.

Binder J H (2015,b) Gleichung mit (zu?) vielen Unbekannten: Nachhaltige Bankenstrukturen durch Sanierungs- und Abwicklungsplanung? Zeitschrift für Bankrecht und Bankwirtschaft (ZBB) 2015, S. 153 ff.

Binder J H (2016,a) Zivilrechtliche und strafrechtliche Aufarbeitung der Finanzmarktkrise. Zeitschrift für Unternehmens- und Gesellschaftsrecht (ZGR) 2016, S. 229 ff.

Binder J H (2016,b) Anreizwirkungen und Abwicklungsfähigkeit nach der BRRD, in: Bauer D, Schuster G (Hrsg) (2016) Nachhaltigkeit im Bankensektor. Otto Schmidt Verlag, Köln, S. 163 ff.

Bingyu Z (2009) Rationales Herdenverhalten und seine Auswirkungen auf Investitionsentscheidungen: Eine Analyse des durch Informations- und Zahlungsexternalitäten verursachten Herdenverhaltens im Hinblick auf Investitionsentscheidungen. Gabler, Wiesbaden

Birnbacher D (1988) Verantwortung für zukünftige Generationen. Reclam Verlag, Stuttgart

Birnbacher D (2004) „Fernstenliebe" oder Was motiviert uns, für die Zukunft Vorsorge zu treffen? In: Döring R, Rühs M (Hrsg), Ökonomische Rationalität und praktische Vernunft: Gerechtigkeit, ökologische Ökonomie und Naturschutz. Festschrift anlässlich des 60. Geburtstags von Ulrich Hampicke, S. 21 ff.

Birnbacher D (2014) Ein Weltgericht für die Zukunft, in: Gesang B (Hrsg) (2014) Kann Demokratie Nachhaltigkeit? Springer VS, Wiesbaden, S. 111 ff.

Bitter G, Laspeyres A (2013) Kurzfristige Waren- und Geldkredite im Recht der Gesellschafterdarlehen, Zeitschrift für das gesamte Insolvenzrecht (ZInsO), S. 2289 ff.

Bitter G (2013) Sicherheiten für Gesellschafterdarlehen: ein spät entdeckter Zankapfel der Gesellschafts- und Insolvenzrechtler. Zeitschrift für Wirtschaftsrecht - ZIP, S. 1998 ff.

Bitter G (2015) In: Scholz F Kommentar zum GmbHG-Gesetz Bd. III, 11. Aufl. § 64 Anh. Rn. 32, 228 f.

Bittner J (2007) Zurück zur Bombe. In: ZEIT-ONLINE. www.zeit.de/2007/06/Atombombe. Zugegriffen 16.09.2016

Boecker A (2014) Für eine Million Jahre unter Verschluss. In: Süddeutsche Zeitung vom 19.5.2010. www.sueddeutsche.de/wissen/atommuell-endlager-fuer-eine-million-jahre-unter-verschluss-1.620025. Zugegriffen 16.09.2016

Boerse.ard.de (23.05.2014) Grünes Licht für höhere Boni-Grenzen bei der Deutschen Bank. http://boerse.ard.de/aktien/gruenes-licht-fuer-hoehere-grenzen-bei-der-deutschen-bank100.html. Zugegriffen: 16.09.2016

Brandt F, Güth S (2016) Bankenabgabe, in: Jahn U, Schmitt C, Geier B (2016) Handbuch Bankensanierung und -abwicklung, S. 545 ff., Verlag C H Beck, München

Breidenstein M (2010) Covenantgestützte Bankdarlehen in der Insolvenz. Zeitschrift für das gesamte Insolvenzrecht (ZInsO), S. 273 ff.

Breitinger M (2016a) Fast alle deutschen Hersteller starten Rückruf. In: ZEIT-ONLINE. www.zeit.de/wirtschaft/unternehmen/2016-04/abgas-skandal-auto-rueckruf. Zugegriffen: 16.09.2016

Breitinger M (2016b) Live-Dossier Volkswagen. Der Abgasskandal. Zuletzt aktualisiert am 7. November 2016. In: ZEIT-ONLINE. www.zeit.de/wirtschaft/diesel-skandal-volkswagen-abgase

Brockhaus (Werktitel), Enzyklopädie in 24 Bänden, 19. Aufl., Bd. 9 (1989), Bd. 11 (1990), Bd. 12 (1990), Bd. 17 (1992), Bd. 18 (1992), Bd. 20 (1993), F. A. Brockhaus Mannheim (aktuellere Bearbeitungsstände online unter https://uni-tuebingen.brockhaus.de)

Brockhaus.de (aktuellere Online-Version), https://uni-tuebingen.brockhaus.de.

Brost S (2016) Atom-Endlager soll 20 Eiszeiten überstehen. In Schwäbisches Tagblatt vom 06.07.2016. www.swp.de/ulm/nachrichten/politik/Atom-Endlager-soll-20-Eiszeiten-ueberstehen;art1222886,3913022. Zugegriffen: 16.09.2016

Brost M, Schieritz M (2016) Das große Teilen, DIE ZEIT Nr. 6/2016, S. 6, www.zeit. de/2016/06/fluechtlingskrise-wohlstand-arm-reich. Zugegriffen: 19.09.2016

Brox H, Walker W D (2015) Besonderes Schuldrecht 39. Aufl. Vahlen, München

Buchter H, Nienhaus L, Storn A (2016) Das ist kein Spaß mehr. In: DIE ZEIT Nr. 34/2016 v. 11.08.2016 S. 19 f., www.zeit.de/2016/34/bankenregulierung-deutsche-bank-jpmorgan-goldman-sachs. Zugegriffen: 3.11.2016

Buchter H, Nienhaus L (2016) Amerikanischer Alptraum. An der Wall Street wollte die Deutsche Bank zum Star werden. Wie geriet sie dort in Lebensgefahr? In: DIE ZEIT Nr. 42 vom 06.10.2016, S. 23, http://pdf.zeit.de/2016/42/deutsche-bank-wall-street-versagen-boerse-usa-hypotheken.pdf. Zugegriffen: 08.10.2016

Bundesagentur für Arbeit (2016) Arbeitsmarktstatistik im europäischen Vergleich – Erwerbslosigkeit, Bruttoinlandsprodukt, Erwerbstätigkeit, April 2016, https://statistik.arbeitsagentur. de/Statischer-Content/Statistische-Analysen/Statistische-Sonderberichte/Generische-Publikationen/Arbeitsmarkt-im-europaeischen-Vergleich.pdf. Zugegriffen: 16.09.2016

Bundesamt für Strahlenschutz. Die radioaktiven Abfälle in der Schachtanlage Asse II. www.asse.bund.de/Asse/DE/themen/was-ist/radioaktive-abfaelle/radioaktive-abfaelle_ node.html. Zugegriffen: 16.09.2016

Bundesamt für Strahlenschutz. Asse II. www.asse.bund.de/Asse/DE/service/Sitemap/site-map_node.html. Zugegriffen: 16.09.2016

Bundesamt für Strahlenschutz. Vom Salzbergwerk zum Atomlager. Die wechselvolle Geschichte der Schachtanlage Asse II. www.asse.bund.de/Asse/DE/themen/was-ist/ geschichte/geschichte_node.html;jsessionid=CF3A5DA98D7561E1A849357F78FA 1EF9.1_cid325. Zugegriffen: 16.09.2016

Bundesamt für Strahlenschutz. Zutrittswässer und Salzlösungen. www.asse.bund.de/Asse/ DE/themen/was-ist/zutrittswaesser/zutrittswaesser_node.html;jsessionid=DBB6D6A2 DABC63AC87A8080C5FBE007C.1_cid335d. Zugegriffen: 16.09.2016

Bundesanstalt für Finanzmarktstabilisierung (06.11.2014) Pressemitteilung. www.fmsa.de/ de/presse/pressemitteilungen/2014/20141106_pressemitteilung_fmsa.html. Zugegriffen: 16.09.2016

Bundesanstalt für Finanzdienstleistungsaufsicht. Antizyklischer Kapitalpuffer. www.bafin. de/DE/Aufsicht/BankenFinanzdienstleister/Eigenmittelanforderungen/Kapitalpuffer/ antizyklischer_kapitalpuffer_node.html. Zugegriffen: 16.09.2016

Bundesministerium der Finanzen. Monatsbericht vom 21.10.2013. http://www.bundesfinanzministerium.de/Content/DE/Monatsberichte/2013/10/Inhalte/Kapitel-3-Analysen/3-1-meilenstein-im-bankenaufsichtsrecht.html. Zugegriffen: 16.09.2016

Bundesministerium der Finanzen. Monatsbericht vom 20.12.2013. Titel: „Fünf Jahre Finanzmarktstabilisierungsfonds unter dem Dach der Bundesanstalt für Finanzmarktstabilisierung". http://www.bundesfinanzministerium.de/Content/DE/Monatsberichte/2013/12/Inhalte/ Kapitel-3-Analysen/3-6-fuenf-jahre-finanzmarktstabilisierungsfonds.html Zugegriffen: 26.09.2016

Bundesministerium der Justiz und für Verbraucherschutz. Änderungsvorschlag zu dem Gesetzentwurf der Bundesregierung, oben zitiert als BMJV (2016). www.bmjv.de/ SharedDocs/Gesetzgebungsverfahren/Dokumente/Aenderungsvorschlag_Neufassung_104_InsO.pdf;jsessionid=CFF409697FA58B54E17A58DA8A6C7292.1_ cid334?__blob=publicationFile&v=3. Zugegriffen: 20.09.2016

Bundesregierung. Fragen und Antworten zur Energiewende. www.bundesregierung.de/ Webs/Breg/DE/Themen/Energiewende/Fragen-Antworten/8_Kernkraft/_node.html. Zugegriffen: 16.09.2016

Bundeszentrale für politische Bildung (07.08.2008). Das Alte China. www.bpb.de/internationales/asien/china/44248/das-alte-china. Zugegriffen 16.09.2016.

Bundeszentrale für politische Bildung (11.12.2012) Kosmische Katastrophen. www.bpb.de/ apuz/151312/kosmische-katastrophen?p=all. Zugegriffen 16.09.2016.

Bündnis Entwicklung Hilft. Vier Jahre Krieg, vier Jahre Flucht. Der syrische Bürgerkrieg und die Vertreibung im Irak. Eine Multimedia-Reportage. www.entwicklung-hilft.de/reportage/irak_syrien/?gclid=CJrvvaq0hMwCFUmeGwodc_kGJw#section0. Zugegriffen: 23.09.2016

Callies C, Schoenfleisch C (2015) Die Bankenunion, der ESM und die Rekapitalisierung von Banken – Europa- und verfassungsrechtliche Fragen, Juristenzeitung (JZ) 2015, S. 113 ff.

Carnau, P (2011) Nachhaltigkeitsethik. Normativer Gestaltungsansatz für eine global zukunftsfähige Entwicklung in Theorie und Praxis. Haupp Verlag, Merin

CHEMIE.DE Information Service GmbH. Plutonium. www.chemie.de/lexikon/Plutonium. html. Zugegriffen: 16.09.2016

Christen F (Hrsg) (2014) Nietzsche. Also sprach Zarathustra. Ein Buch für Alle und Keinen. 19. Aufl. Kröner Verlag, Stuttgart

Cichy P, Schönen S (2016) Das neue Sonderrecht für die Sanierung und Abwicklung von (Groß)Banken: Der Weg zu mehr Nachhaltigkeit im Bankensektor(?) In: Bauer D, Schuster G (Hrsg) Nachhaltigkeit im Bankensektor. 2016, S. 197 ff.

Club of Rome: vgl. Meadows, Randers

Colli G, Montinari M (Hrsg) Friedrich Nietzsche: Sämtliche Werke. Kritische Studienausgabe in 15 Bänden, Bd. 4, 1980. Dt. Taschenbuch-Verlag, München

Computerwoche.de (18.11.1963) Vorwarnzeiten von nur wenigen Minuten bringen DV-Experten auf die Barrikaden: Computerpannen gefährden militärische Sicherheit. www.computerwoche.de/a/computerpannen-gefaehrden-militaerische-sicherheit,1181162. Zugegriffen: 14.11.2016

Creditreform (2016) Wirtschaftslage und Finanzierung im Mittelstand, www.creditreform. de/fileadmin/user_upload/crefo/download_de/news_termine/wirtschaftsforschung/wirtschaftslage-mittelstand/Analyse_Wirtschaftslage_und_Finanzierung_im_Mittelstand_Fruehjahr_2016.pdf. Zugegriffen: 16.09.2016

Dapp T (2016) Erdüberlastung. Leben auf Pump ab 8. August. dpa vom 07.08.2016. www.onetz.de/deutschland-und-die-welt-r/politik-de-welt/erdueberlastungstag-leben-auf-pump-ab-8-august-d1688616.html. Zugegriffen: 16.09.2016

DasErste.de (undatiert) Dem Atomkrieg knapp entkommen – Fehlalarme im Atomzeitalter. www.daserste.de/planspiel/allround_dyn~uid,ozcv7h0nu243gfl8~cm.asp. Zugegriffen: 16.09.2016

Der Spiegel (2016) Bundesbank beklagt „Zombifizierung" des Bankensystems, in: Der Spiegel Nr. 7/2016 v. 13.02.2016, S. 74. www.spiegel.de/spiegel/vorab/bundesbank-beklagt-zombifizierung-des-bankensystems-a-1077036.html. Zugegriffen: 16.09.2016

Department of Defense (2014) FY 2014 Climate Change Adaptation Roadmap. http://ppec. asme.org/wp-content/uploads/2014/10/CCARprint.pdf. Zugegriffen: 22.09.2016

Deutsche Bank AG. Geschäftsbericht 2013. www.deutsche-bank.de/medien/de/downloads/Deutsche_Bank_Geschaeftsbericht_2013_gesamt.pdf. Zugegriffen: 16.09.2016

Deutsche Bank AG. Jahresabschluss und Lagebericht 2014. https://www.db.com/ir/de/download/Jahresabschluss_und_Lagebericht_Deutsche_Bank_AG_2014.pdf. Zugegriffen: 16.09.2016

Deutsche Bank AG, Zwischenbericht zum 31. März 2016. www.db.com/ir/de/download/DB_Zwischenbericht_1Q2016.pdf. Zugegriffen: 16.09.2016

Deutsche Bank AG, Zwischenbericht zum 30. Juni 2016. www.db.com/newsroom_news/DB_Zwischenbericht_2Q2016.pdf. Zugegriffen: 16.09.2016

Deutsche Bank AG, Zwischenbericht zum 30. September 2016. www.db.com/newsroom_news/DB_Zwischenbericht_3Q2016.pdf. Zugegriffen: 28.10.2016

Deutsche Bundesbank (Dezember 2013) Ertragslage und Finanzierungsverhältnisse deutscher Unternehmen im Jahr 2012. In: Monatsbericht Dezember 2013. www.bundesbank.de/Redaktion/DE/Downloads/Veroeffentlichungen/Monatsberichtsaufsaetze/2013/2013_12_ertragslage.pdf?__blob=publicationFile. Zugegriffen: 16.09.2016

Deutsche Bundesbank, Geschäftsbericht 2014. www.bundesbank.de/Redaktion/DE/Downloads/Veroeffentlichungen/Geschaeftsberichte/2014_geschaeftsbericht.pdf;jsessionid=0000edKlCziAedDjx7hR-3kq4B1:-1?__blob=publicationFile. Zugegriffen: 16.09.2016

Deutsche Bundesbank (2016) Bedeutung und Wirkung des Hochfrequenzhandels am deutschen Kapitalmarkt. In: Monatsbericht Oktober 2016, S. 37 ff. https://www.bundesbank.de/Redaktion/DE/Downloads/Veroeffentlichungen/Monatsberichte/2016/2016_10_monatsbericht.pdf?__blob=publicationFile. Zugegriffen: 03.11.2016

Deutscher Bundestag (Pressemeldung v. 02.06.2016) Endlager-Kommission gibt Zeitplan auf. www.bundestag.de/presse/hib/201606/-/425748. Zugegriffen: 16.09.2016

Deutscher Bundestag (Aktuelle Meldung v. 01.06.2016) Gesetz zur Atomhaftung vertagt. www.bundestag.de/presse/hib/201606/-/425552. Zugegriffen: 16.09.2016

Deutscher Notarverein (2016) Stellungnahme vom 12.08.2016 zum Entwurf eines Änderungsvorschlags zur Neufassung des § 104 InsO, www.dnotv.de/_files/Dokumente/Stellungnahmen/2016-08-12_nderungsvorschlagNeufassung104InsO_final.pdf. Zugegriffen: 20.09.2016.

DIW Glossar. Basel III. www.diw.de/de/diw_01.c.413274.de/presse/diw_glossar/basel_iii.html. Zugegriffen: 16.09.2016

DIW Glossar. Equity Ratio. www.diw.de/de/diw_01.c.413289.de/presse/diw_glossar/equity_ratio.html. Zugegriffen: 16.09.2016

DIW Glossar. Leverage Ratio. www.diw.de/de/diw_01.c.413293.de/presse/diw_glossar/leverage_ratio.html. Zugegriffen: 16.09.2016

Dombret A (2013) Die Schuldenkrise und ihre Folgen für die Realwirtschaft, Rede v. 20.06.2013 www.bundesbank.de/Redaktion/DE/Reden/2013/2013_06_20_dombret.html. Zugegriffen: 16.09.2016

Doris P, Zimmer M (2016) Ausbeutung in der Lieferkette. Der Modern Slavery Act und seine Anwendung auf deutsche Unternehmen, Betriebs-Berater (BB) 2016 S. 181 ff.

Döring R, Rühs M (Hrsg) (2004) Ökonomische Rationalität und praktische Vernunft: Gerechtigkeit, ökologische Ökonomie und Naturschutz, Festschrift anlässlich des 60. Geburtstags von Ulrich Hampicke. Königshausen & Neumann, Würzburg

Döschner J (2015) Nichts mehr übrig für Atomkraft? www.tagesschau.de/inland/rwe-atomrueckstellung-101.html. Zugegriffen: 16.09.2016

Döschner J (2016) Nuklearsicherheit in der Ukraine. Keine Kontrolle über radioaktives Material, in: tagesschau.de vom 02.06.2016. www.tagesschau.de/ausland/ukraine-1309.html. Zugegriffen: 16.09.2016

Döschner J (2016,a) Papier der EU-Kommission zu Atomkraft. An der Realität vorbei. tagesschau.de. vom 17.05.2016 www.tagesschau.de/wirtschaft/atomenergie-101.html. Zugegriffen: 16.09.2016

Döschner J (2016,b) Nuklearsicherheit in der Ukraine. Keine Kontrolle über radioaktives Material, in: tagesschau.de v. 02.06.2016. www.tagesschau.de/ausland/ukraine-1309.html. Zugegriffen: 16.09.2016

Droege M (2009) Die Wiederkehr des Staates — Eigentumsfreiheit zwischen privatem Nutzen und sozialisiertem Risiko, Deutsches Verwaltungsblatt (DVBl) S. 1415 ff.

Eckert W (2016,a) Viele Fragen bleiben offen. www.tagesschau.de/ausland/klima-paris-abkommen-101.html. Zugegriffen: 16.09.2016

Eckert W (2016,b) Klimagipfel in Marrakesch: Die Hoffnung stirbt zuletzt. www.tagesschau.de/kommentar/klimakonferenz-marrakesch-105.html. Zugegriffen: 19.11.2016

Eilts S, Baab P (2016) Der teuerste Tag der Landesgeschichte? www.ndr.de/nachrichten/schleswig-holstein/Der-teuerste-Tag-der-Landesgeschichte,hshnordbank928.html. Zugegriffen: 16.09.2016

Ekardt F (2016) Die schwere Entwöhnung vom Wachstum. www.zeit.de/wirtschaft/2016-02/klimawandel-abkommen-paris-wachstum-umweltschutz-konsum. Zugegriffen: 16.09.2016

Endres A (2016,a) Energiewende: Die Zukunft verprasst. www.zeit.de/wirtschaft/unternehmen/2016-05/energiewende-atomausstieg-eon-rwe-enbw-vattenfall/komplettansicht. Zugegriffen: 05.10.2016

Endres A (2016,b) Klimagipfel in Marrakesch: Klima sticht Trump. www.zeit.de/wirtschaft/2016-11/klimagipfel-marrakesch-optimismus-trump. Zugegriffen: 19.11.2016

Engert A (2016) Die Macht der Verwaltung und ihre Kontrolle, in: Möslein F (Hrsg) (2016) Private Macht im Gesellschaftsrecht, S. 381 ff. Mohr Siebeck Verlag, Tübingen

Epoch Times (2016) Island: Revolution im Bankwesen durch Umstellung auf Vollgeldsystem (Bericht vom 28.05.2016, aktualisiert am 07.07.2016), www.epochtimes.de/wirtschaft/island-revolution-im-bankwesen-durch-umstellung-auf-vollgeld-system-a1332657.html. Zugegriffen: 16.09.2016

Erhard L (1964) Wohlstand für Alle. 8. Aufl. Ludwig-Erhard-Stiftung e.V.,www.ludwig-erhard-stiftung.de/wp-content/uploads/wohlstand_fuer_alle1.pdf Zugegriffen: 16.09.2016

Ermisch S (2016) Die Altlasten sind gruselig, in: DIE ZEIT Nr. 35/2016 v. 18.08.2016, S. 22, http://www.zeit.de/2016/35/hsh-nordbank-pleite-zukunft-kosten-stefan-ermisch-interview/komplettansicht. Zugegriffen: 08.11.2016

Ettel A, Zschäpitz H (04.07.2016) Deutsche Bank ist weltweit das größte Systemrisiko. www.welt.de/156712356. Zugegriffen: 16.09.2016

Ettel A, Zschäpitz H (12.07.2016) Bankenkrise. www.welt.de/wirtschaft/article156982813/Unser-Lebensstandard-steht-auf-dem-Spiel.html. Zugegriffen: 20.09.2016

Ewringmann D, Faber M, Petersen T, Zahrnt A (2012) Schluss mit der Harmonie! In: ZEIT-ONLINE vom 26.01.2012. www.zeit.de/2012/05/Umwelt-Nachhaltigkeit. Zugegriffen: 16.09.2016

Faigle P, Frehse L (2016) Flüchtlinge. Das tödlichste Jahr. In: ZEIT-online, www.zeit.de/politik/ausland/2016-05/fluechtlinge-mittelmeer-route-todesopfer. Zugegriffen: 16.09.2016

Fähnders T (2014) Sklaverei in Thailand. In: Frankfurter Allgemeine Zeitung. www.faz.net/aktuell/politik/ausland/asien/thailand-menschenhandel-in-der-fischerei-12903997.html?printPagedArticle=true#Drucken. Zugegriffen: 16.09.2016

Finke E (2006) Die Erde ist eine Kugel, was die Wissenschaft nicht wissen will. http://bs.cyty.com/kirche-von-unten/archiv/Festschrift_Dockhorn/Erde_eine_Kugel.htm. Zugegriffen: 16.09.2016

Finkenauer T (2010) Die Rechtsetzung Marc Aurels zur Sklaverei. Steiner Verlag, Stuttgart

Finkenauer T (Hrsg) (2006) Sklaverei und Freilassung im römischen Recht, Symposium für Hans Josef Wieling zum 70. Geburtstag. Springer Verlag, Berlin

Fischer M (2014) Wie Draghi alle an der Nase herumführt In: WirtschaftsWoche vom 06.06.2014 www.wiwo.de/politik/europa/zinsentscheid-wie-draghi-alle-an-der-nase-herumfuehrt/v_detail_tab_print/10000944.html. Zugegriffen: 16.09.2016

Focus Online (14.05.2008) Köhler sieht Weltfinanzsystem als „Monster". http://www.focus.de/politik/diverses/weltfinanzen-koehler-sieht-weltfinanzsystem-als-monster_aid_301586.html? Zugegriffen: 16.09.2016

Focus Online (28.01.2016) Kapitalpuffer der Deutschen Bank wegen Verlust gesunken. www.focus.de/finanzen/news/wirtschaftsticker/unternehmen-kapitalpuffer-der-deutschen-bank-wegen-verlust-gesunken_id_5245078.html. Zugegriffen: 16.09.2016

Folger M (2014) Entstehung und Entwicklung von Shitstorms: Motivation und Intention der Beteiligten am Beispiel von Facebook. Bundesverband deutscher Pressesprecher, Berlin

Frankfurter Allgemeine (15.05.2008) Ackermann widerspricht Köhler. www.faz.net/aktuell/wirtschaft/finanzmaerkte-ein-monster-ackermann-widerspricht-koehler-1546250.html. Zugegriffen: 16.09.2016

Frankfurter Allgemeine (07.05.2012) Der Club of Rome prophezeit ein Ende des Bevölkerungswachstums. www.faz.net/aktuell/wirtschaft/wirtschaftspolitik/neuer-bericht-der-club-of-rome-prophezeit-ein-ende-des-bevoelkerungswachstums-11743543.html. Zugegriffen: 16.09.2016

Frankfurter Allgemeine (14.12.2014) Minimalkonsens rettet UN-Klimakonferenz. www.faz.net/aktuell/einigung-bei-un-klimagipfel-auf-kompromiss-zu-co2-reduzierung-13320299.html. Zugegriffen: 16.09.2016

Frankfurter Allgemeine (23.04.2015) 2,54 Milliarden Dollar Strafe für die Deutsche Bank. www.faz.net/-gqe-82j49. Zugegriffen: 16.09.2016

Frankfurter Allgemeine (11.03.2016) Umverteilungspolitik zur Rettung von Zombiebanken. http://www.faz.net/aktuell/wirtschaft/wirtschaftspolitik/sinn-zu-ezb-entscheidung-umverteilungspolitik-zur-rettung-von-zombiebanken-14117585.html. Zugegriffen: 16.09.2016

Frankfurter Allgemeine (23.07.2016) Schäuble für globale Finanzsteuer. www.faz.net/aktuell/wirtschaft/wirtschaftspolitik/deutschland-will-globale-finanzsteuer-14354290.html. Zugegriffen: 16.09.2016

Frankfurter Allgemeine (08.07.2016) VW droht Millionen-Strafe. www.faz.net/aktuell/wirtschaft/vw-abgasskandal/vw-droht-millionen-strafe-in-deutschland-14331793.html. Zugegriffen: 16.09.2016

Frankfurter Rundschau (14.03.2013) Homo sapiens? Das geht schnell vorbei. www.fr-online.de/frankfurt/senckenbergmuseum--homo-sapiens--das-geht-schnell-vorbei-,1472798,22105346.html. Zugegriffen: 16.09.2016

Frankfurter Rundschau (04.03.2014) Kampf gegen die Zeit. www.fr-online.de/energie/atommuell-asse-kampf-gegen-die-zeit,1473634,26469672.html. Zugegriffen: 16.09.2016

Franziskus (2015) Enzyklika Laudato Si´, Über die Sorge für das gemeinsame Haus. Herder Verlag, Freiburg im Breisgau. Hier zitiert nach www.dbk.de/fileadmin/redaktion/diverse_downloads/presse_2015/2015-06-18-Enzyklika-Laudato-si-DE.pdf. Zugegriffen: 16.09.2016

Frühauf M (2013) Milliardengrab Bankenrettung, in: faz.net v. 16.08.2013, www.faz.net/aktuell/wirtschaft/wirtschaftspolitik/teuer-fuer-den-steuerzahler-milliardengrab-bankenrettung-12535343.html. Zugegriffen: 16.09.2016

Fülöp S (2014) Die Rechte, Pflichten und Tätigkeiten des ungarischen Parlamentsbeauftragten für zukünftige Generationen, in: Gesang B (Hrsg) (2014) Kann Demokratie Nachhaltigkeit? Springer VS, Wiesbaden, S. 67 ff.

Gast R (2012) Achtung Atommüll, bitte nicht ausbuddeln! Was für ein Warnschild würden Menschen nach 10.000 Jahren verstehen? Forscher diskutieren, wie man die Nachwelt am besten vor atomaren Endlagern warnt. Der Beitrag wurde erstmals publiziert am 21.08.2012 unter www.spektrum.de/news/ein-warnschild-ohne-halbwertszeit/1160215 sowie am 22.08.2012 nochmals unter www.zeit.de/wissen/umwelt/2012-08/atommuell-atomsemiotik/komplettansicht. Die hier genannte Überschrift wurde der letztgenannten Fundstelle entnommen. Zugegriffen: 16.09.2016

Geinitz C, Frühauf M (2015) Hypo-Skandalbank weckt Zweifel an Staatsgarantien. In: Frankfurter Allgemeine Zeitung vom 17.03.2015. www.faz.net/aktuell/finanzen/anleihen-zinsen/krisenbank-hypo-alpe-adria-weckt-zweifel-an-staatsgarantien-13486814.html Zugegriffen: 16.09.2016

Gerhard S, Breitinger M (2015) Was wir über den Abgasskandal wissen. In: ZEIT-ONLINE http://pdf.zeit.de/wirtschaft/2015-09/vw-abgase-manipulation-faq.pdf. Zugegriffen: 16.09.2016

Germund W (2014) Textilindustrie in Asien. Die Sklaven der Globalisierung, www.stuttgarter-zeitung.de/inhalt.print.90750ab0-4c60-4542-8b67-f6a7a81ab59b.presentation.print.v2.html. Zugegriffen: 16.09.2016

Gerste R D (2013) Haarscharf an einem Atomkrieg vorbei, Neue Züricher Zeitung vom 25.9.2013. www.nzz.ch/aktuell/startseite/haarscharf-an-einem-atomkrieg-vorbei-1.18156078. Zugegriffen: 16.09.2016

Gesang B (Hrsg) (2014) Kann Demokratie Nachhaltigkeit? Springer VS, Wiesbaden

Gesang B (Autor) (2014) Demokratie am Scheideweg, in: Gesang B (Hrsg) (2014) Kann Demokratie Nachhaltigkeit? Springer VS, Wiesbaden, S. 19 ff.

Gesang B (2016) Wirtschaftsethik und Menschenrechte. Mohr Siebeck Verlag, Tübingen

Giegold S (2014) Licht ins Dunkel der Profiteure der Bankenrettungen! www.sven-giegold.de/2014/licht-ins-dunkel-der-profiteure-der-bankenrettungen. Zugegriffen: 16.09.2016

Google (2016) Bilderstrecke zum Werbeslogan „Ich bin doch nicht blöd". www.google.de/search?q=%E2%80%9EIch+bin+doch+nicht+bl%C3%B6d&tbm=isch&tbo=u&source=univ&sa=X&ved=0ahUKEwib3_3QzPfKAhXK1hoKHdO8C4YQ7AkIQw&biw=1920&bih=924. Zugegriffen: 22.09.2016

Görner A (2016) Nachhaltigkeit der materiellen Anforderungen an regulatorisches Eigenkapital von Kreditinstituten nach der CRR, in: Bauer D, Schuster G (Hrsg) (2016) Nachhaltigkeit im Bankensektor. Otto Schmidt Verlag, Köln, S. 89 ff.

Goetze S (2011) Bure – erstes Atomendlager Europa? www.heise.de/tp/artikel/35/35882/1.html. Zugegriffen: 16.09.2016

Golser K (Hrsg) (1992) Verantwortung für die Schöpfung in den Weltreligionen. Tyrolia Verlag, Innsbruck

Gräbner M (2011) Alptraum vom Nuklearen Winter. www.heise.de/tp/artikel/34/34780/1.html. Zugegriffen: 16.09.2016

Greiner B (2012) Kubakrise. Als die Welt am Abgrund stand. In: ZEIT-ONLINE vom 21.8.2012 http://pdf.zeit.de/zeit-geschichte/2012/03/kubakrise-kalter-krieg.pdf. Zugegriffen: 16.09.2016

Greive M (07.09.2015) Finanzkrise kostet Deutschland 187 Milliarden. In: Die Welt. www.welt.de/wirtschaft/article114944193/Finanzkrise-kostet-Deutschland-187-Milliarden.html. Zugegriffen: 16.09.2016

Greive M (21.09.2015) Deutschland ist einer der größten Verlierer der Krise. In: Die Welt. www.welt.de/wirtschaft/article119813280/Deutschland-ist-einer-der-groessten-Verlierer-der-Krise.html. Zugegriffen: 16.09.2016

Grigoleit H (2006) Gesellschafterhaftung für interne Einflussnahme im Recht der GmbH. Beck Verlag, München

Grimmig R (2016) Abtauchen in die virtuelle Welt. In: Schwäbisches Tagblatt vom 23.02.2016. www.tagblatt.de/Nachrichten/Abtauchen-in-die-virtuelle-Welt-277900.html. Zugegriffen: 16.09.2016

Habersack M, Huber K, Spindler G (Hrsg) (2014) Festschrift für Eberhard Stilz zum 65. Geburtstag. Beck, München

Habersack M (2008) Die Erstreckung des Rechts der Gesellschafterdarlehen auf Dritte, insbesondere im Unternehmensverbund. Zeitschrift für Wirtschaftsrecht (ZIP), S. 2385 ff.

Habersack M (2014) Autor in: Ulmer P, Habersack M, Löbbe M (Hrsg) (2014) GmbHG, Großkommentar, Bd. 2, 2. Aufl. Mohr Siebeck, Tübingen

Haimann R (2014) Schweizer Initiative plant Banken-Revolution. In: manager-magazin v. 23.06.2014. www.manager-magazin.de/immobilien/artikel/vollgeld-initiative-in-der-schweiz-alle-macht-der-zentralbank-a-976484-druck.html. Zugegriffen: 16.09.2016

Handbuch Generationengerechtigkeit (2003) Herausgegeben von der Stiftung für die Rechte künftiger Generationen, 2. Aufl., Oekom Verlag, München, online unter www.generationengerechtigkeit.de/images/stories/Publikationen/buecher/handbuch_deutsch.pdf. Zugegriffen: 16.09.2016

Handelsblatt (14.05.2008) Köhler nennt Finanzmärke „Monster". www.handelsblatt.com/politik/deutschland/fdp-kritisiert-bundespraesident-koehler-nennt-finanzmaerkte-monster/v_detail_tab_print/2958162.html. Zugegriffen: 16.09.2016

Handelsblatt (27.04.2009) Deutsche Bank erreicht 25 Prozent Rendite. www.handelsblatt.com/unternehmen/banken-versicherungen/trotz-krise-deutsche-bank-erreicht-25-prozent-rendite/3165492.html. Zugegriffen: 16.09.2016

Handelsblatt (13.01.2014) Kapitalregel kommt nicht auf die harte Tour. www.handelsblatt.com/unternehmen/banken-versicherungen/leverage-ratio-kapitalregel-kommt-nicht-auf-die-harte-tour/v_detail_tab_print/9322186.html. Zugegriffen: 16.09.2016

Handelsblatt (04.03.2014) Atommüll-Rückholung aus Asse wohl erst ab 2033. www.handelsblatt.com/politik/deutschland/barbara-hendricks-atommuell-rueckholung-aus-asse-wohl-erst-ab-2033/9569276.html. Zugegriffen: 16.09.2016

Handelsblatt (20.08.2014) Schleswig-Holstein schlägt Alarm. Rostige Atommüllfässer lagern in Brunsbüttel. www.handelsblatt.com/politik/deutschland/schleswig-holstein-schlaegt-alarm-rostige-atommuellfaesser-lagern-in-brunsbuettel/v_detail_tab_print/10359872.html. Zugegriffen: 16.09.2016

Handelsblatt (26.05.2016) Flüchtlinge. Tod im Mittelmeer. www.handelsblatt.com/politik/international/fluechtlinge-tod-im-mittelmeer/v_detail_tab_print/13648832.html. Zugegriffen: 16.09.2016

Handelsblatt (09.11.2016) Trumps Sieg schürt Sorge um Weltklimavertrag. www.handelsblatt.com/technik/energie-umwelt/kampf-gegen-den-klimawandel/kampf-gegen-den-klimawandel-trumps-sieg-schuert-sorge-um-weltklimavertrag/14817422.html. Zugegriffen: 10.11.2016

Handelszeitung.ch (undatiert) Die Chronik des Libor-Skandals. www.handelszeitung.ch/die-chronik-des-libor-skandals. Zugegriffen: 16.09.2016

Hanslmaier A (2012) Kosmische Katastrophen. Bundeszentrale für politische Bildung. www.bpb.de/apuz/151312/kosmische-katastrophen?p=all. Zugegriffen: 16.09.2016

Hartmann N (1925) (und unveränderte 4. Aufl. 1962) Ethik. de Gruyter Verlag, Berlin-Leipzig

Haupt G, Reinhardt R (1952) Gesellschaftsrecht, 4. Aufl. Mohr Verlag, Tübingen

Hänggi M (2014) Worauf wollen wir verzichten? DIE ZEIT Nr. 15/2014, www.zeit.de/2014/15/schweiz-wirtschaft-wachstum-umwelt-verzicht. Zugegriffen: 16.09.2016

Haselbach A-C (2016) Bundesregierung muss alle Schlupflöcher im Nachhaftungsgesetz schließen. in Mittelstands Nachrichten v. 09.09.2016. www.mittelstand-nachrichten.de/politik/bundesregierung-muss-alle-schlupfloecher-im-nachhaftungsgesetz-schliessen-20160609.html. Zugegriffen: 16.09.2016

Heckung C, Pinzler P (2015) Wir sind dann mal weg, DIE ZEIT Nr. 36/2015, S. 19, www.zeit.de/2015/36/atomkraftwerke-abbau-stromkonzerne-steuer. Zugegriffen: 16.09.2016

Heldt C (undatiert) LIBOR. http://wirtschaftslexikon.gabler.de/Definition/libor.html. Zugegriffen: 16.09.2016

Hellwig M (2012) The Problem of Bank Resolution Remains Unsolved: A Critique of the German Bank Restructuring Law, in: Kenadjian P S (Hrsg) (2012) Too Big To Fail - Brauchen wir ein Sonderinsolvenzrecht für Banken?, S. 35 ff.

Hellwig M (2014) Stellungnahme für den Finanzausschuss des Deutschen Bundestags zum Entwurf eines Gesetzes zur Umsetzung der Richtlinie 2014/59/EU des Europäischen Parlaments und des Rates vom 15. Mai 2014 zur Festlegung eines Rahmens für die Sanierung und Abwicklung von Kreditinstituten und Wertpapierfirmen (BRRD-Umsetzungsgesetz), www.bundestag.de/blob/333188/2466b19bce1a95b29b00f6c8f63f5289/09--prof--hellwig-data.pdf. Zugegriffen: 16.09.2016

Herrmann S (2012) Das Ende der Maya. Kollaps durch Klimaveränderung? In: Süddeutsche.de. www.sueddeutsche.de/wissen/2.220/das-ende-der-maya-kollaps-durch-klima-veraenderung-1.1518651. Zugegriffen: 16.09.2016

Herrmann U (2011) Ackermann ist gefährlich. www.taz.de/!69090. Zugegriffen: 16.09.2016

Hesse M, Mahler A, Reiermann C (2016) Finanzmärkte. Ein Funke genügt. Das Börsenbeben nährt die Furcht vor einer neuen Wirtschaftskrise, in: DER SPIEGEL Nr. 7/2016 v. 13.2.2016, S. 74 ff.

Heusinger R, Brost M (2015) Das magische Viertel. In: DIE ZEIT 03.02.2005 Nr.6, www.zeit.de/2005/06/Deutsche_Bank/komplettansicht?print=true. Zugegriffen: 16.09.2016

heute.de (08.08.2016) „Ein Weiter so ist keine Option" (Quelle: Teresa Dapp, dpa). www.heute.de/rohstoffe-umwelt-nachhaltigkeit-erdueberlastungstag-mahnt-zur-bescheidenheit-44712028.html. Zugegriffen: 16.09.2016

Hofmann L (2014) Schwarmintelligenz - Roboter organisieren sich selbst. www.stuttgarter-zeitung.de/inhalt.print.17d38db9-3748-47af-b29f-4d46b70c607d.presentation.print.v2.html. Zugegriffen: 16.09.2016

Honegger C, Neckel S, Magnin C (Hrsg) (2010) Strukturierte Verantwortungslosigkeit – Berichte aus der Bankenwelt. Suhrkamp Verlag, Berlin

Höllmann T (2008) Das alte China, Bundeszentrale für politische Bildung, www.bpb.de/internationales/asien/china/44248/das-alte-china. Zugegriffen: 16.09.2016

Hölzle G (2009) Gibt es noch eine Finanzierungsfolgenverantwortung im MoMiG? Zeitschrift für das gesamte Insolvenzrecht (ZInsO), S. 1939 ff.

Huber J (2013) Monetäre Modernisierung – Zur Zukunft der Geldordnung: Vollgeld und Monetative. 3. Aufl. Metropolis Verlag, Marburg

Huber J Vollgeld (Webseite) Webseite für neue Currency Theorie und Geldreform. www.vollgeld.de. Zugegriffen: 16.09.2016

Huber P (2013) Vor 30 Jahren: Ein Mann verhindert den 3. Weltkrieg. http://diepresse.com/home/leben/ausgehen/1456466/Vor-30-Jahren_Ein-Mann-verhindert-den-3-Weltkrieg. Zugegriffen: 16.09.2016

Immenga U (1970) Die personalistische Kapitalgesellschaft. Athenäum Verlag, Bad Homburg

INDat Report (2016) Besondere Eilbedürftigkeit bei Änderung des § 104 InsO. In: Fachmagazin für Restrukturierung, Sanierung und Insolvenz (INDat Report) Ausgabe 06/2016, S. 6.

Irving D (1978) Rommel: Ende einer Legende. In: DER SPIEGEL Nr. 36/1978 S. 158 f., online sowohl unter http://magazin.spiegel.de/EpubDelivery/spiegel/pdf/40606114 als auch unter www.spiegel.de/spiegel/print/d-40606114.html). Zugegriffen: 16.09.2016

Isensee J, Kirchhof P (Hrsg) (2011) Handbuch des Staatsrechts der Bundesrepublik Deutschland, Bd. IX: Allgemeine Grundrechtslehren. 3. Aufl. Müller Verlag, Heidelberg

Isensee J (2011) Autor in: Isensee J, Kirchhof P (Hrsg) (2011) Handbuch des Staatsrechts der Bundesrepublik Deutschland, Bd. IX: Allgemeine Grundrechtslehren. 3. Aufl. Müller Verlag, Heidelberg

Jain A (2015) „I will stay here for as long as I am needed." www.zeit.de/wirtschaft/2015-02/anshu-jain-deutsche-bank-co-ceo/komplettansicht. (Eine daraus abgeleitete deutschsprachige Textversion findet sich in: DIE ZEIT v. 19.02.2015 (Nr. 8), http://pdf.zeit.de/2015/08/anshu-jain-deutsche-bank-co-chef.pdf.) Zugegriffen: 16.09.2016

Jonas H (1987) Das Prinzip Verantwortung. Versuch einer Ethik für die technologische Zivilisation. 7. Aufl. Suhrkamp. Frankfurt am Main.

Jost S (2015) Die unangenehme Wahrheit über Europas Wiederaufstieg. In: Die Welt. www.welt.de/wirtschaft/article149956898/Die-unangenehme-Wahrheit-ueber-Europas-Wiederaufstieg.html. Zugegriffen: 16.09.2016

Jung P (2002) Der Unternehmergesellschafter als personaler Kern der rechtsfähigen Gesellschaft. Mohr Siebeck, Tübingen

Jüdische Geschichte und Kultur. Geschichte des Judentums. www.judentum-projekt.de/geschichte/. Zugegriffen: 16.09.2016

Kainer F (2016) Private Macht im Kapitalmarktrecht. In: Möslein F (Hrsg) (2016) Private Macht, S. 423 ff.

Kaspar F (2015) Im Schwarm gegen den Strom schwimmen? www.welt.de/kultur/article108942531/Im-Schwarm-gegen-den-Strom-schwimmen.html. Zugegriffen: 16.09.2016

Kayser R (2014) Neuer Spitzenkandidat unter den erdähnlichen Planeten. Ein Planet fern unserer Erde, auf dem Leben möglich wäre? In: www.zeit.de/wissen/2014-04/planeten-exoplaneten-kepler-astronomie-weltraum/komplettansicht?print=true. Zugegriffen: 16.09.2016

Kampshoff M (2010) Behandlung von Bankdarlehen in der Krise der GmbH. GmbH-Rundschau (GmbHR) S. 897 ff.

Kant I (1785) Grundlegung zur Metaphysik der Sitten. Hartknoch Verlag, Riga. www.morelightinmasonry.com/wp-content/uploads/2014/06/Kant-Grundlegung-Zur-Metaphysik-Der-Sitten.pdf. Zugegriffen: 16.09.2016

Kasiske P (2014) Marktmissbräuchliche Strategien im Hochfrequenzhandel. In: Wertpapier Mitteilungen Zeitschrift für Wirtschafts- und Bankrecht (WM) S. 1933 ff.

Kenadjian P S (Hrsg) (2012) Too Big To Fail - Brauchen wir ein Sonderinsolvenzrecht für Banken? de Gruyter, Berlin/Boston

Keppner K (2014) Die unerhörten Opfer von Bhopal. In: ZEIT-ONLINE vom 30.11.2014. http://pdf.zeit.de/gesellschaft/2014-11/indien-bhopal-chemieunglueck-30-jahre.pdf. Zugegriffen: 16.09.2016

Kessler H (Hrsg) (1996) Ökologisches Weltethos im Dialog der Kulturen und Religionen. Wissenschaftliche Buchgesellschaft, Darmstadt. Inhaltsverzeichnis abrufbar unter http://tocs.ulb.tu-darmstadt.de/49170198.pdf. Zugegriffen: 19.09.2016

KFW-Research (2009) Akzente. Eigenkapital im Mittelstand und Finanzierung in der aktuellen Krise. www.kfw.de/Download-Center/Konzernthemen/Research/PDF-Dokumente-Akzente/Akzente-Nr.-1.pdf. Zugegriffen: 19.09.2016

Kißler A (2016) Schäuble erwartet bis Jahresende Einigung auf Transaktionssteuer. http://www.finanznachrichten.de/nachrichten-2016-10/38822712-schaeuble-erwartet-bis-jahresende-einigung-auf-transaktionssteuer-015.htm. Zugegriffen: 12.10.2016

Kitzler J-C (2016,a) Flucht übers Mittelmeer hält an. 4500 Menschen gerettet - an einem Tag, tagesschau.de vom 06.07.2016. www.tagesschau.de/ausland/fluechtlingszahlen-mittelmeer-101.html. Zugegriffen: 16.09.2016

Kitzler J-C (2016,b) 40 Jahre Sevesounglück. Die Katastrophe im Kopf, ARD-Studio Rom vom 10.07.2016. www.tagesschau.de/ausland/seveso-105.html. Zugegriffen: 16.09.2016

Klees H (1975) Herren und Sklaven – Die Sklaverei im oikonomischen und politischen Schrifttum der Griechen in klassischer Zeit. Steiner Verlag, Wiesbaden

Klees H (1998) Sklavenleben im klassischen Griechenland. Steiner Verlag, Stuttgart

Kleindiek D (2016) Erläuterung des § 39 InsO im Heidelberger Kommentar zur Insolvenzordnung. 8. Aufl. 2016. C.F. Müller, Heidelberg

Köckritz A, Petrulewicz B (2016) Schuften für den Führer. Nordkoreas Diktator verkauft Zwangsarbeiter in die ganze Welt, damit sie ihm Devisen beschaffen – sogar nach Polen. In: DIE ZEIT Nr. 13/2016 v. 17.03.2016, S. 23 f.); www.zeit.de/2016/13/nordkorea-zwangsarbeiter-ausland-polen. Zugegriffen: 22.09.2016

Kommission Lagerung hoch radioaktiver Abfälle. www.bundestag.de/endlager/. Zugegriffen: 16.09.2016

Kommission Lagerung hoch radioaktiver Abfälle. Abschlussbericht. Hier eingeordnet unter „Abschlussbericht Endlagerkommission (2016)"

Kompa M (2009) Stanislaw Petrow und das Geheimnis des roten Knopfs. Was geschah wirklich im September 1983? www.heise.de/tp/features/Stanislaw-Petrow-und-das-Geheimnis-des-roten-Knopfs-3381498.html. Zugegriffen: 03.11.2016

Kowitz D, Niejahr E (2014) Geliebter Konkurrent: Von wegen Romantik – wie die Ökonomie unsere Partnerwahl prägt. In: DIE ZEIT Nr. 13/2014, S. 31. www.zeit.de/2014/13/liebe-geld-oekonomie-partnerwahl. Zugegriffen: 16.09.2016

Kötz H, Wagner G (2013) Deliktsrecht. 12. Aufl. Vahlen, München

Küppers C, Alt S (2013) Wissenschaftliche Beratung und Bewertung grenzüberschreitender Aspekte des französischen Endlagervorhabens „Cigéo" in den Nachbarländern Rheinland-Pfalz, Saarland und Großherzogtum Luxemburg, Öko-Institut e. V. Stand: 23.09.2013. www.oeko.de. Zugegriffen: 16.09.2016

Limbach J (1966) Theorie und Wirklichkeit der GmbH. Duncker & Humblot Verlag, Berlin

Lange S (01.06.2016) Regierung verpflichtet Atomkonzerne zur Nachhaftung. http://www.finanzen.net/nachricht/aktien/UPDATE2-Regierung-verpflichtet-Atomkonzerne-zur-Nachhaftung-4913405 Zugegriffen: 16.09.2016

Laroche P (2015) Der forderungslose Insolvenzantrag - Praxisanmerkungen zu § 14 Abs. 1 Satz 2, Abs. 3 InsO und zur geplanten Neuregelung des § 14 Abs. 1 InsO durch den Regierungsentwurf zur Reform des Anfechtungsrechts. Zeitschrift für das gesamte Insolvenzrecht (ZInsO)

Laste S (2015) Klima macht Geschichte. Vom Neandertaler bis zum alten Rom. Terra X vom 11.01.2015 www.zdf.de/terra-x/klima-macht-geschichte-vom-neandertaler-bis-zum-alten-rom-36558236.html?view=print. Zugegriffen: 16.09.2016

Lobenstein C, Wahl L (2016) Flüchtlinge auf neuen Routen. In: DIE ZEIT Nr. 15/2016, S. 15 ff.

Lossau N (2016) Wendelstein 7-X soll unbegrenzt Energie liefern. In: welt.de vom 03.02.2016, www.welt.de/wissenschaft/article151755696/Wendelstein-7-X-soll-unbegrenzt-Energie-liefern.html. Zugegriffen: 16.09.2016

Lüdemann D, Schadwinkel A, Loos A (2015) Unwetter. Ist das jetzt der Klimawandel? (…) Nehmen extreme Wetterereignisse in Deutschland wirklich zu? http://pdf.zeit.de/wissen/umwelt/2016-06/unwetter-bayern-extremwetter-klimawandel-meteorologie.pdf. Zugegriffen: 22.09.2016

Luhmann N (1991) Soziologie des Risikos. de Gruyter Verlag, Berlin

Lux-Wesener C (2003) Generationengerechtigkeit im Grundgesetz? – Eine Untersuchung des Grundgesetzes auf Gewährleistungen von intergenerationeller Gerechtigkeit in: Handbuch Generationengerechtigkeit, Oekom Verlag, München, S. 405 ff. (online unter www.generationengerechtigkeit.de/images/stories/Publikationen/buecher/handbuch_deutsch.pdf. Zugegriffen: 16.09.2016)

Majic M (2013) Covenants und Insolvenz. de Gruyter Verlag, Berlin

Manager-magazin.de (10.07.2016) Kapitalspritzen für Banken nach US-Vorbild. Deutsche-Bank-Ökonom fordert 150-Milliarden-Programm der EU zur Bankenrettung. www.manager-magazin.de/unternehmen/banken/bankenkrise-folkerts-landau-fordert-eu-programm-zur-bankenrettung-a-1102266.html. Zugegriffen: 20.09.2016

Marotzke W (2009) Das deutsche Insolvenzrecht in systemischen Krisen. Sind enteignungsgestützte Rettungsübernahmen besser? Juristenzeitung (JZ) S. 763 ff.

Marotzke W (2010) Darlehen und sonstige Nutzungsüberlassungen im Spiegel des § 39 Abs. 1 Nr. 5 InsO – eine alte Rechtsfrage in neuem Kontext. Juristenzeitung (JZ) S. 592 ff.

Marotzke W (2013) Gläubigerbenachteiligung und Bargeschäftsprivileg bei Gesellschafterdarlehen und vergleichbaren Transaktionen. Zeitschrift für das gesamte Insolvenzrecht (ZInsO) S. 641 ff.

Marotzke W (2014) Das deutsche Insolvenzverfahren: ein Hort institutionalisierter Unverantwortlichkeiten? Zeitschrift für Insolvenzrecht (KTS) S. 113 ff.

Marotzke W (2015 DB) Gesellschafterdarlehen und flankierende Grundpfandrechte im Fokus des Insolvenzrechts. Der Betrieb (DB) S. 2495 ff.

Marotzke W (2015 JZ) Finanzmarktkrise und kein Ende: Muss der Staat nochmals für ehemalige HRE-Aktionäre zahlen? Juristenzeitung (JZ) S. 597 ff.

Marotzke W (2015 ZInsO) Insolvenzrechtsreform à la 007: Finanzbehörden mit Lizenz zum Töten? Zeitschrift für das gesamte Insolvenzrecht (ZInsO) S. 2397 ff.

Marotzke W (2016) Grenzen typisierender Generalisierung im Recht der Gesellschafterdarlehen. Zeitschrift für Insolvenzrecht (KTS) S. 19 ff.

May E R (1988) Die Grenzen des „Overkill". Moral und Politik in der amerikanischen Nuklearrüstung von Truman zu Johnson. In: Vierteljahreshefte für Zeitgeschichte Bd. 36 (1988) S. 1 ff., www.ifz-muenchen.de/heftarchiv/1988_1_1_may.pdf. Zugegriffen: 16.09.2016

Mayer T, Huber R (2014) Vollgeld. Das Geldsystem der Zukunft. Unser Weg aus der Finanzkrise. Tectum Verlag, Marburg

Meadows D H, Meadows D L, Randers J, Behrens III WW (1972) The Limits to Growth (Studie im Auftrag des Club of Rome). Universe Books, New York. www.donellameadows.org/wp-content/userfiles/Limits-to-Growth-digital-scan-version.pdf. Zugegriffen: 16.09.2016

Meck G (2013) Ackermanns gefährliche 25 Prozent. In: Frankfurter Allgemeine Zeitung. www.faz.net/aktuell/finanzen/was-treiben-die-banken/was-treiben-die-banken-8-ackermanns-gefaehrliche-25-prozent-12240743.html. Zugegriffen: 16.09.2016

Medicus D, Lorenz S (2014) Schuldrecht II. 17. Aufl. Beck, München

Melman S (1963) Der 1250 fache Tod. In: DER SPIEGEL 31/1963, S. 43. http://magazin.spiegel.de/EpubDelivery/spiegel/pdf/46171378 und www.spiegel.de/spiegel/print/d-46171378.html. Zugegriffen: 16.09.2016

Merkel R (2015) Klimaflüchtlinge. In: Frankfurter Allgemeine Zeitung vom 22.09.2015. www.faz.net/aktuell/feuilleton/debatten/klimafluechtlinge-wo-liegt-die-grenze-des-zumutbaren-13815941.html. Zugegriffen: 16.09.2016

Meyer J (2000) Haftungsbeschränkung im Recht der Handelsgesellschaften. Springer Verlag, Berlin

Miegel M (2010) Exit: Wohlstand ohne Wachstum. 3. Aufl. Propyläen Verlag, Berlin

Möslein F (Hrsg) (2016) Private Macht. Mohr Siebeck Verlag, Tübingen

Mühlbauer P (2015) Isländische Regierung prüft Vollgeld-Vorschlag vom 08.04.2015. www.heise.de/tp/druck/mb/artikel/44/44609/1.html. Zugegriffen: 16.09.2016

Müller-Erzbach R (1933) Herrschaft und Haftung, Leipziger Zeitschrift für Deutsches Recht (LZ) 1933, S. 146 ff. München / Berlin / Leipzig: Schweitzer. Es handelt sich um einen Beitrag, der die vom Autor zur Nachahmung empfohlenen Beispiele ungeachtet der damaligen ideologischen und politischen Verhältnisse wissenschaftlich souverän im englischen, im französischen und im belgischen Recht findet; vgl. zur Vita und zur Denkweise des Autors Nunn C (1998).

Müller-Erzbach R (1955) Das Erfassen des Rechts aus den Elementen des Zusammenlebens veranschaulicht am Gesellschaftsrecht. In: Archiv für die civilistische Praxis (AcP) Bd. 154. S. 299 ff.

Mylich F (2009) Probleme und Wertungswidersprüche beim Verständnis von § 135 Abs. 1 Alt. 2 Nr. 2 InsO n. F. Zeitschrift für Unternehmens- und Gesellschaftsrecht (ZGR) S. 474 ff.

Mylich F (2012) Kreditsicherheiten für Gesellschafterdarlehen. Zeitschrift für das gesamte Handelsrecht und Wirtschaftsrecht (ZHR). S. 547 ff.

Neue Züricher Zeitung (14.12.2014) Uno-Klimakonferenz. Nur Minimalkonsens gefunden. www.nzz.ch/international/klimaverhandlungen-in-der-sackgasse-1.18444137. Zugegriffen: 16.09.2016

Neumayer I (2012) Virtuelle Welten. Stand: 26.07.2012. www.planet-wissen.de/technik/computer_und_roboter/virtuelle_welten/pwwbvirtuellewelten100.html. Zugegriffen: 16.09.2016

Niejahr E (2016) Buchführung für Liebende. In: DIE ZEIT Nr. 19/2016, S. 31. www.
   zeit.de/2016/19/partnerschaft-liebe-oekonomie-bildung-partnerwahl. Zugegriffen:
   22.09.2016

Nietzsche F (1883) Also sprach Zarathustra. Ein Buch für Alle und Keinen. Bd. 1. Schmeit-
   zner Verlag, Chemnitz, online bei www.deutschestextarchiv.de/book/view/nietzsche_
   zarathustra01_1883. Zugegriffen: 22.09.2016

Nitschke M (1970) Die körperschaftlich strukturierte Personengesellschaft. Gieseking Verlag, Bielefeld

ndr.de   (03.04.2016)   Atommüll: 30   Fässer   in   Brunsbüttel   geborgen.   www.ndr.
   de/nachrichten/schleswig-holstein/Atommuell-30-Faesser-in-Brunsbuettel-
   geborgen,atommuellfaesser110.html. Zugegriffen: 16.09.2016

Nuclear Security Summit 2016. National Progress Report: Ukraine vom 31.03.2016 www.
   nss2016.org/document-center-docs/2016/3/31/national-progress-report-ukraine. Zugegriffen: 16.09.2016

Nunn C (1998) Rudolf Müller-Erzbach. 1874 -1959. Von der realen Methode über die
   Interessenjurisprudenz zum kausalen Rechtsdenken. Lang, Frankfurt am Main, Berlin,
   Bern, Wien (u. a.)

Obertreis R (2014) Duell zwischen Draghi und Weidmann am Potomac. www.tagesspie-
   gel.de/wirtschaft/jahrestagung-des-iwf-duell-zwischen-draghi-und-weidmann-am-poto-
   mac/10824346.html. Zugegriffen: 16.09.2016

Obertreis R (2016) Mehr Risikofreude. Bankenverbände warnen vor Überregulierung. In:
   Der Tagesspiegel v. 29.10.2016, http://www.pressreader.com/germany/der-tagesspie-
   gel/20161029/281736974001616. Zugegriffen: 29.10.2016

Odenwald M (2013) Weltraumteleskop Kepler sichtet vier erdähnliche Planeten. www.
   focus.de/wissen/weltraum/astronomie/tid-28899/potenzial-fuer-die-entstehung-
   von-leben-ist-gigantisch-kepler-entdeckt-vier-erdaehnliche-planeten-_aid_894331.
   html?drucken=1. Zugegriffen: 16.09.2016

Ott H (2014) Den zukünftigen Generationen eine Stimme zu geben … (Interview), in:
   Gesang B (Hrsg) (2014) Kann Demokratie Nachhaltigkeit? Springer VS, Wiesbaden,
   S. 85 ff.

Paech N (2012) Nachhaltiges Wirtschaften jenseits von Innovationsorientierung und
   Wachstum. 2. Aufl. Metropolis-Verlag, Marburg Weimar (Lahn)

Paech N (2012 ZEIT-ONLINE) "Grünes" Wachstum wäre ein Wunder. In: ZEIT-ONLINE
   vom 21.06.2012. www.zeit.de/wirtschaft/2012-06/wachstumskritik-paech. Zugegriffen:
   16.09.2016

Paech N (2015) Befreiung vom Überfluss. Auf dem Weg in die Postwachstumsökonomie.
   8. Aufl. oecom verlag, München

Paulick H (1959) Handbuch der stillen Gesellschaft. Otto Schmidt Verlag, Köln

Paulick H, Blaurock U (1988) Handbuch der stillen Gesellschaft, 4. Aufl. Otto Schmidt
   Verlag, Köln

Paulus C G (2016) Urteilsanmerkung, in: Zeitschrift für Wirtschaftsrecht (ZIP), S. 1233 ff.
   Köln: RWS Verl. Kommunikationsforum

Pieper S (15.09.2016) Regierung stimmt für AKW-Neubau, http://www.tagesschau.de/aus-
   land/hinkleypoint-101.html. Zugegriffen: 19.09.2016

Pinzler P (2015) Holen, was noch zu holen ist. In: DIE ZEIT Nr. 38/2015, S. 26. http://
   www.zeit.de/2015/38/sigmar-gabriel-atommuell-energiekonzerne. Zugegriffen:
   19.09.2016

Pötzsch T (2015) Aktuelle Entwicklung des Kapitalmarktrechts - Ein Überblick. In: Wertpapier Mitteilungen Zeitschrift für Wirtschafts- und Bankrecht (WM), S. 357 ff.

Pötzsch T (2016) Aktuelle Schwerpunkte der Finanzmarktregulierung – national, europäisch, international. In: Wertpapier Mitteilungen Zeitschrift für Wirtschafts- und Bankrecht (WM) S. 11 ff.

Pletter R (2015) Mehr ist nicht. In: ZEIT-ONLINE vom 20.08.2015. www.zeit.de/2015/32/wirtschaftswachstum-krise. Zugegriffen: 16.09.2016

Pries K (2016) Gedankenspiele in Brüssel alarmieren die Bundesregierung. Wirbel um Atom-Papier. In: tagblatt.de vom 18.05.2016. www.tagblatt.de/Nachrichten/Wirbel-um-Atom-Papier-288710.html. Zugegriffen: 16.09.2016

Randers J (2012, english) 2052, A global forecast for the next forty years (Originalfassung). Chelsea Green Publishing Co

Randers J (2012, deutsch) 2052. Der neue Bericht an den Club of Rome. Eine globale Prognose für die nächsten 40 Jahre. oekom verlag München

Rauner M (2012) Nuklearer Winter. Dieser Krieg glüht. In: ZEIT-ONLINE vom 14.06.2012. www.zeit.de/2012/25/Interview-Robock/komplettansicht. Zugegriffen: 16.09.2016

Rauser K-D (2016) Ist es schon zu spät, oder ist der Homo sapiens noch zu retten? Gedankenspiele zu einem aktiven Artenschutz und zur Rolle von Prognosen als Mittel der Arterhaltung. Publiziert als Sonderbeilage zu DIE ZEIT Nr. 26/2016 v. 16.06.2016.

Reimer S C (2014) Wohin mit dem Atommüll? www.das-parlament.de/2014/38_39/innenpolitik/-/329028

religion-ethik.de Wie ist das Judentum entstanden? www.religion-ethik.de/judentum/geschichte-entstehung.html. Zugegriffen: 16.09.2016

Reuters (14.05.2008) Köhler sieht Weltfinanzsystem als „Monster". www.focus.de/politik/diverses/weltfinanzen-koehler-sieht-weltfinanzsystem-als-monster_aid_301586.html?drucken=1. Zugegriffen: 16.09.2016

Sailer M (2013) Ja zur Rückholung des radioaktiven Abfalls aus Asse II. Öko-Institut e.V. www.bundestag.de/dokumente/textarchiv/2013/42381177_kw08_pa_umwelt/210448. Zugegriffen: 16.09.2016

Saurer J (2016) Rechtsvergleichende Betrachtungen zur Energiewende, Jahrbuch des öffentlichen Rechts der Gegenwart Bd. 64 (2016), S. 411 ff. Zugegriffen: 16.09.2016

Schaumann M (2009) Reform des Eigenkapitalersatzrechts im System der Gesellschafterhaftung. Lang Verlag, Frankfurt am Main

Schäfer D (2011) Banken: Leverage Ratio ist das bessere Risikomaß. In: DIW Wochenbericht 46/2011. www.diw.de/documents/publikationen/73/diw_01.c.388890.de/11-46.pdf. Zugegriffen: 16.09.2016

Schellnhuber H J (2014) Eine Idee wäre, dass man im Parlament (…), in: Gesang B (Hrsg) (2014) Kann Demokratie Nachhaltigkeit? Springer VS, Wiesbaden, S. 41 ff. Der Autor ist Leiter des Potsdam-Instituts für Klimafolgenforschung.

Schellnhuber H J (2015,a) Selbstverbrennung. Die fatale Dreiecksbeziehung zwischen Klima, Mensch und Kohlenstoff. C. Bertelsmann Verlag, München. Der Autor ist Leiter des Potsdam-Instituts für Klimafolgenforschung.

Schellnhuber H J (2015,b) Die Malediver verlieren ihre Heimat – und machen sich auf den Weg zu den Schuldigen. In: DIE ZEIT Nr. 44/2015, 29. www.zeit.de/2015/44/malediven-klimawandel-fluechtlinge-hans-joachim-schellnhuber/komplettansicht. Zugegriffen: 16.09.2016

Schellnhuber H J (2015,c) Schellnhuber als Befragter in einem FAZ-Interview. www.faz.
net/aktuell/feuilleton/debatten/hans-joachim-schellnhuber-im-interview-zum-klima-
gipfel-2015-13964335-p2.html?printPagedArticle=true#pageIndex_2.   Zugegriffen:
16.09.2016
Schellnhuber H J (2016) Schellnhuber als Befragter in einem Interview. www.munichre.
com/de/reinsurance/magazine/topics-online/2016/topicsgeo2015/interview-schellnhu-
ber-hoeppe/index.html. Zugegriffen: 16.09.2016
Scherbel A (2003) Die Begründung von Generationengerechtigkeit im Schöpfungsglauben
der monotheistischen Offenbarungsreligionen. In: Handbuch Generationengerechtigkeit
(2003) S. 175 ff., online unter www.generationengerechtigkeit.de/images/stories/Publi-
kationen/buecher/handbuch_deutsch.pdf. Zugegriffen: 16.09.2016
Scherg C (2011) Rufmord im Internet – So können sich Firmen, Institutionen und Privat-
personen wehren. Ambition Verlag, Berlin
Schiemann G (1989) Das allgemeine Schädigungsverbot: „alterum non laedere". In: Juristische Schulung (JuS) S. 345 ff.
Schieritz M (2015) Frosti gegen das alte Geld. Ein isländischer Politiker will den Banken
die Macht über die Währung nehmen – und findet Fans auf der ganzen Welt. In: DIE
ZEIT Nr. 43/2015 v. 22.10.2015, S. 29 f., www.zeit.de/2015/43/island-geld-waehrung-
frosti-sigurjonsson. Zugegriffen: 17.09.2016.
Schieritz M, Storn A (2016) Deutsche Bank unter Druck – insgeheim arbeitet die Regie-
rung bereits an Rettungsplänen. In: DIE ZEIT Nr. 41 vom 29.09.2016, 24, www.zeit.
de/2016/41/deutsche-bank-aktie-krise-rettungsplaene. Zugegriffen: 03.11.2016
Schiller U (1980) „Amerika: Fehlalarm im Frühwarnsystem beunruhigt die Bevölkerung.
Drei Computer-Pannen in einem halben Jahr: Wie sicher ist das amerikanische Raketen-
Frühwarnsystem?" In: DIE ZEIT v. 13.06.1980 Nr. 25, www.zeit.de/1980/25/amerika-
fehlalarm-im-fruehwarnsystem-beunruhigt-die-bevoelkerung. Zugegriffen: 19.09.2016
Schimmelpfennig C, Jenewein W (2014) Der Etikettenschwindel mit der Schwarmintel-
ligenz. Harvard Business Manager. www.harvardbusinessmanager.de/blogs/warum-
schwarmintelligenz-falsch-verstanden-wird-a-985858.html. Zugegriffen: 16.09.2016
Schmickler B (2016) Flucht nach Europa. Mittelmeer statt Balkan. tagesschau.de vom
02.07.2016. www.tagesschau.de/ausland/fluechtlinge-mittelmeer-balkanroute-101.html.
Zugegriffen: 16.09.2016
Schmidt U (2015) Fischerei-Sklaven in Südostasien. In: ARD-Tagesschau vom 28.03.2015.
www.tagesschau.de/ausland/fischer-sklaven-101.html. Zugegriffen: 16.09.2016
Schmidt W (2014) Im Zweifel mit der Masse. In: Stuttgarter Zeitung vom 05.02.2014.
www.stuttgarter-zeitung.de/inhalt.print.e8cec3d7-fb21-4c37-a36f-9059ca915cd3.pre-
sentation.print.v2.html. Zugegriffen: 16.09.2016
Schmitt J (2016) Kosten des Atomausstiegs. Ein unkalkulierbares Risiko. tagesschau.de
vom 25.07.2016. www.tagesschau.de/inland/atomausstieg-kosten-monitor-101.html.
Zugegriffen: 16.09.2016
Schneider J (2013) Im Eiltempo gegen den Einsturz. In: Süddeutsche Zeitung vom
21.01.2013. www.sueddeutsche.de/politik/2.220/atommuell-im-salzbergwerk-asse-im-
eiltempo-gegen-den-einsturz-1.1578273. Zugegriffen: 16.09.2016
Scholtes B (2016) Deutsche Bank im Abwärtstaumel. www.heute.de/rauswurf-aus-aktien-
index-stoxx-europe-50-deutsche-bank-im-abwaertstaumel-44683148.html. Zugegriffen:
16.09.2016

Schröder U (2016) Managergehälter als Gegenstand europäischer und staatlicher Regulierung, in: Juristen Zeitung (JZ) S. 556 ff.

Schuler M (2016) Jährliche Ressourcen aufgebraucht. Für 2016 war's das. tagesschau.de vom 08.08.2016. www.tagesschau.de/ausland/weltueberlastungstag-101.html. Zugegriffen: 16.09.2016

Schultz S (2016) Neue Reaktoren: EU will Atomkraft massiv stärken. In: Spiegel Online vom 17.05.2016. www.spiegel.de/wirtschaft/unternehmen/atomkraft-eu-kommission-will-kernenergie-in-europa-staerken-a-1092584.html. Zugegriffen: 16.09.2016

Schumann H (2016) Hypo Real Estate – Die Geretteten www.tagesspiegel.de/wirtschaft/finanz/hypo-real-estate-die-geretteten/1598962.html. Zugegriffen: 16.09.2016

Schwarze R (2016) Klimaschutz in Marrakesch: Im Schatten von Trump. Auch bei „Musterschüler" Deutschland läuft nichts nach Plan. In: Fokus-Online v. 15.11.2016. www.focus.de/wissen/experten/reimund_schwarze_/klimaschutz-nicht-nach-plan-buergermuessen-ueber-den-klimaschutzplan-2050-diskutieren_id_6202341.html. Zugegriffen: 15.11.2016

Schwarzmüller S (2007) Geiz ist gottlos. http://cms.bistum-trier.de/bistum-trier/Integrale? MODULE=Frontend&ACTION=ViewPageView&Filter.EvaluationMode=standard& PageView.PK=31&Document.PK=47228. Zugegriffen 01.11.2016

Schweitzer J (2016) Wie die Krise krank macht. In: DIE ZEIT Nr. 26/2016 v. 16.06.2016, S. 29, http://www.zeit.de/2016/26/gesundheit-finanzkrise-wechselwirkung-sterberate. Zugegriffen: 21.09.2016

Schwäbisches Tagblatt (06.07.2016) Atom-Endlager soll 20 Eiszeiten überstehen. www.swp.de/ulm/nachrichten/politik/Atom-Endlager-soll-20-Eiszeitenueberstehen; art1222886,3913022. Zugegriffen 16.09.2016.

Schwäbisches Tagblatt (08.08.2016) Ab heute Öko-Schulden. www.tagblatt.de/Nachrichten/Ab-heute-Oeko-Schulden-298616.html. Zugegriffen: 16.09.2016

Seibert U (2010) Deutschland im Herbst – Erinnerungen an die Entstehung des Finanzmarktstabilisierungsgesetzes im Oktober 2008 in: Festschrift für Klaus J. Hopt: Unternehmen, Markt und Verantwortung. S. 2525 ff. De Gruyter, Berlin Sailer M (2013) Ja zur Rückholung des radioaktiven Abfalls aus Asse II. Öko-Institut e.V. www.bundestag.de/dokumente/textarchiv/2013/42381177_kw08_pa_umwelt/210448. Zugegriffen: 16.09.2016

Servatius W (2008) Gläubigereinfluss durch Covenants. Hybride Finanzierungsinstrumente im Spannungsverhältnis von Fremd- und Eigenfinanzierung. Mohr Verlag, Tübingen

Sigurjónsson F (2015) Monetary Reform – A Better Monetary System For Iceland. A report by Frosti Sigurjónsson, commissioned by the Prime Minister of Iceland. Edition 1.0 March 2015. Reykjavik, www.forsaetisraduneyti.is/media/Skyrslur/monetaryreform.pdf. Zugegriffen: 16.09.2016

Sietz H (2008) Petrows Entscheidung. Wie ein Oberstleutnant der sowjetischen Armee vor 25 Jahren den Untergang der Welt verhinderte und dafür zum Dank tausend Dollar erhielt. In: ZEIT-ONLINE vom 13.10.2008. www.zeit.de/2008/39/A-Petrow. Zugegriffen: 16.09.2016

Sinn H W (2012) Staatsverschuldung und Generationengerechtigkeit, Vortrag www.pinews.net/2012/07/hans-werner-sinn-uber-staatsverschuldung/. Zugegriffen: 16.09.2016

Sinn H W (2016) Man schaue sich Japan an. Seit 20 Jahren kämpft das Land gegen die Wirtschaftsflaute – mit hoher Verschuldung und Nullzins-Politik. Ein Vorbild für

Europa? in: DIE ZEIT Nr. 17/2016, S. 28, www.zeit.de/2016/17/zinsen-japan-verschul-dung-nullzins-ezb. Zugegriffen: 20.09.2016

Sorge N-V, Eckl-Dorna W (2016) Druck auf Autohersteller wächst. www.manager-maga-zin.de/unternehmen/autoindustrie/abgasskandal-warum-es-fuer-daimler-opel-und-co-eng-wird-a-1085838.html. Zugegriffen: 16.09.2016

spiegel.de (03.11.2013) Geheimdokumente zu Nato-Manöver. So nah kam die Welt 1983 einem Atomkrieg. www.spiegel.de/politik/ausland/kalter-krieg-nato-manoever-fuehrte-1983-beinahe-zum-atomkrieg-a-931489.html. Zugegriffen: 16.09.2016

spiegel.de (05.01.2015) Energiemanager zur Endlagersuche „Atommüll ins Ausland brin-gen". www.spiegel.de/wissenschaft/technik/endlager-fuer-atommuell-oew-chef-heinz-seiffert-ueber-suche-im-ausland-a-1011236.html. Zugegriffen: 16.09.2016

spiegel.de (13.02.2016) Bundesbank beklagt Zombifizierung des Bankensystems. www.spiegel.de/spiegel/vorab/bundesbank-beklagt-zombifizierung-des-bankensystems-a-1077036.html. Zugegriffen 20.09.2016.

Stamm S (2012) Endlagersuche weltweit. Wie andere Länder mit Atommüll umgehen. www.tagesschau.de/ausland/euatommuell100.html. Zugegriffen: 16.09.2016

Staeger T (2016) Ist der Klimawandel schuld an den heftigen Gewittern? In: tagesschau.de vom 06.06.2016. http://wetter.tagesschau.de/wetterthema/2016/06/06/nehmen-schwere-gewitter-zu.html. Zugegriffen: 16.09.2016

statista.com (Arbeitslosenquote September 2016), http://de.statista.com/statistik/daten/stu-die/160142/umfrage/arbeitslosenquote-in-den-eu-laendern/

statista.com (Jugendarbeitslosenquote März 2016), https://de.statista.com/statistik/daten/studie/74795/umfrage/jugendarbeitslosigkeit-in-europa/

Steck A, Petrowsky J (2015) Neue Voraussetzungen für die Abwicklung von Banken – Die Bestandsgefährdung als Ausgangspunkt für Abwicklungsmaßnahmen unter dem neuen Bankenabwicklungsrecht. Der Betrieb (DB), S. 1391 ff.

Stein T (1998) Demokratie und Verfassung an den Grenzen des Wachstums – zur ökologi-schen Kritik und Reform des demokratischen Verfassungsstaates. Westdeutscher Verlag, Opladen/Wiesbaden

Stein T (2014) Zum Problem der Zukunftsfähigkeit der Demokratie, in: Gesang B (Hrsg) (2014) Kann Demokratie Nachhaltigkeit? Springer VS, Wiesbaden, S. 47 ff.

Stillbauer T (2013) Homo sapiens? Das geht schnell vorbei. In: Frankfurter Rundschau vom 14.03.2013 www.fr-online.de/frankfurt/senckenbergmuseum--homo-sapiens--das-geht-schnell-vorbei-,1472798,22105346.html. Zugegriffen: 16.09.2016

Stockrahm S (2015) Germanwings Absturz. War der Absturz vermeidbar? In: ZEIT-ONLINE vom 24.03.2015. www.zeit.de/wissen/2015-03/airbus-a320-germanwings-absturz-frankreich-faq/komplettansicht. Zugegriffen: 16.09.2016

Storbeck O (2012) IWF-Forscher spielen radikale Bankreform durch. In: Handelsblatt-online vom 16.08.2012 www.handelsblatt.com/politik/oekonomie/nachrichten/vollgeld-iwf-forscher-spielen-radikale-bankreform-durch/v_detail_tab_print/7008170.html. Zugegriffen: 16.09.2016

Storn A (09.04.2015) Minus 25 Prozent. In: ZEIT-ONLINE vom 09.04.2015. www.zeit.de/2015/13/deutsche-bank-zukunft-strategie. Zugegriffen: 16.09.2016

Storn A im Gespräch mit Eichengreen B (16.07.2015) zum Thema Bankenregulierung. In: DIE ZEIT Nr. 29/2015 vom 16.07.2015 S. 26, www.zeit.de/2015/29/bankenregulierung-krise-2008-barry-eichengreen. Zugegriffen: 23.09.2016. (vgl. jetzt: Eichengreen B)

Storn A (16.07.2015) Zur Sonne, zur Freiheit. Ein Rest der Krisenbank. Hypo Real Estate geht an die Börse – für wenig Geld. In: DIE ZEIT Nr. 29/2015 vom 16.07.2015 S. 26, www.zeit.de/2015/29/welt-des-geldes-frankfurt. Zugegriffen: 16.09.2016

Storn A (18.07.2016) Wut in den Spiegeltürmen. In: DIE ZEIT Nr. 32/2016 vom 28.07.2016, S. 24, www.zeit.de/2016/32/deutsche-bank-bankenregulierung-management. Zugegriffen: 16.09.2016

Streule J (2014) Milliardengrab Hypo Real Estate. In: BR.de vom 25.9.2014. www.br.de/nachrichten/hre-milliardengrab-bad-bank-100.html. Zugegriffen: 16.09.2016

Stuttgarter Zeitung (18.08.2016) Virtuelle Realität bietet ungeahnte Möglichkeiten. www.stuttgarter-zeitung.de/inhalt.print.1849a24b-162b-44aa-826c-b30f404cda79.presentation.print.v2.html. Zugegriffen: 02.11.2016

Stürner R (2015) Ein Abwicklungs- und Sanierungslabyrinth für Banken? In: Editorial Neue Zeitschrift für Insolvenz- und Sanieungsrecht (NZI) 2015 Heft 15

Süddeutsche Zeitung (17.05.2010) Köhler geißelt Finanzmärkte als „Monster". www.sueddeutsche.de/geld/kritik-an-banken-koehler-geisselt-finanzmaerkte-als-monster-1.207605. Zugegriffen: 16.09.2016

Süddeutsche Zeitung (21.01.2013) Atommuell im Salzbergwerk Asse. www.sueddeutsche.de/politik/2.220/atommuell-im-salzbergwerk-asse-im-eiltempo-gegen-den-einsturz-1.1578273. Zugegriffen: 14.09.2016.

Süddeutsche Zeitung (01.05.2014) Ganz dicht an der Explosion. www.sueddeutsche.de/wissen/2.220/risikobericht-zu-nuklearwaffen-ganz-dicht-an-der-explosion-1.1947810. Zugegriffen: 16.09.2016

Südwestpresse (23.05.2016) Mit Robotern verstrahlten Müll aufspüren. In: Südwestpresse vom 23.05.2016. www.swp.de/ulm/nachrichten/suedwestumschau/Mit-Robotern-verstrahlten-Muell-aufspueren;art1222894,3845536. Zugegriffen: 16.09.2016

tagesschau.de (20.04.2015) Endlager-Suchkommission schlägt Alarm. Teurer Atommüll. www.tagesschau.de/inland/atommuell-endlager-101.html. Zugegriffen: 16.09.2016.

tagesschau.de (01.06.2016) Nachhaftung bei AKW-Rückbau, Schlupfloch für Atomkonzerne geschlossen. www.tagesschau.de/wirtschaft/atomausstieg-finanzierung-101.html.

tagesschau.de (27.04.2016) Kosten der Zwischen- und Endlagerung. Konzerne sollen 23,3 Milliarden Euro überweisen. www.tagesschau.de/wirtschaft/atomkommission-105.html

Thole C (2012) Nachrang und Anfechtung bei Gesellschafterdarlehen – zwei Seiten derselben Medaille? Zeitschrift für das gesamte Handelsrecht und Wirtschaftsrecht (ZHR) S. 513 ff.

Thomauske B, Kudla W (2016) Zeitbedarf für das Standortauswahlverfahren und für die Errichtung eines Endlagers. Vorlage der Kommissionsmitglieder (Kommission Lagerung hoch radioaktiver Abfälle) Bruno Thomauske und Wolfram Kudla vom 22.06.2016, K-Drs. 267, www.bundestag.de/blob/433652/b8be0d236650bd1cf-4477497cf5e4d8a/drs_267-data.pdf. Zugegriffen: 16.09.2016

Tagesschau (06.01.2015) US-Astronomen werten „Kepler"-Daten aus Bislang erdähnlichste Planeten entdeckt. www.tagesschau.de/ausland/erdaehnlicher-planet-entdeckt-101.html. Zugegriffen: 16.09.2016

tagesschau.de vom 20.04.2015. Endlager-Suchkommission schlägt Alarm. Teurer Atommüll. www.tagesschau.de/inland/atommuell-endlager-101.html. Zugegriffen: 16.09.2016

tagesschau.de vom 27.04.2016. Kosten der Zwischen- und Endlagerung. Konzerne sollen23,3 Milliarden Euro überweisen. www.tagesschau.de/wirtschaft/atomkommission-105.html. Zugegriffen: 16.09.2016

tagesschau.de (17.05.2016) Strategiepapier für mehr Kooperation, EU will Atomkraft offenbar strak fördern, www.tagesschau.de/wirtschaft/atomkraft-109.html. Zugegriffen: 16.09.2016

tagesschau.de (10.06.2016) Rückzieher vom Atomausstieg, Schweden will doch wieder Kernenergie, www.tagesschau.de/ausland/schweden-atomausstieg-101.html. Zugegriffen: 16.09.2016

tagesschau.de (19.10.2016) Kabinett billigt Entsorgungsgesetz Grünes Licht für den AKW-Milliardenpakt, www.tagesschau.de/wirtschaft/atommuell-pakt-101.html. Zugegriffen: 27.10.2016

Tageszeitung (13.04.2011) Ackermann ist gefährlich. http://www.taz.de/!5122738/

Tellenbach G (1940) Die Entstehung des Deutschen Reiches: von der Entwicklung des fränkischen und deutschen Staates im neunten und zehnten Jahrhundert. Callway, München

Tremmel J (2003,a) Generationengerechtigkeit – Versuch einer Definition. In: Handbuch Generationengerechtigkeit (2003) S. 27 ff., www.generationengerechtigkeit.de/images/stories/Publikationen/buecher/handbuch_deutsch.pdf. Zugegriffen: 16.09.2016

Tremmel J (2003,b) Positivrechtliche Verankerung der Rechte nachrückender Generationen. In: Handbuch Generationengerechtigkeit (2003) S. 349 ff., www.generationengerechtigkeit.de/images/stories/Publikationen/buecher/handbuch_deutsch.pdf. Zugegriffen: 16.09.2016

Tremmel J (2004) Generationengerechtigkeit – eine Ethik der Zukunft, in: Natur und Kultur S. 45 ff. (mit anderer Seitennummerierung auch unter http://library.fes.de/pdf-files/akademie/online/03581.pdf)

Tremmel J (2013,a) Eine erweiterte staatliche Gewaltenteilung als theoretisches Fundament für die Institutionalisierung von Nachhaltigkeit (Stand 28.5.2013). Bereitgestellt zum Download unter http://www.wiso.uni-tuebingen.de/faecher/ifp/lehrende/privatdozentinnen-und-dozenten/pd-dr-dr-joerg-tremmel/zum-download-angebotene-texte.html. Zugegriffen: 19.09.2016

Tremmel J (2013,b) Review: Peter Carnau (2011): Nachhaltigkeitsethik: Normativer Gestaltungsansatz für eine global zukunftsfähige Entwicklung in Theorie und Praxis. In: Journal für Generationengerechtigkeit S. 40 f. Bereitgestellt zum Download unter http://www.wiso.uni-tuebingen.de/faecher/ifp/lehrende/privatdozentinnen-und-dozenten/pd-dr-dr-joerg-tremmel/zum-download-angebotene-texte.html. Zugegriffen: 19.09.2016

Tremmel J (2014) Parlamente und künftige Generationen – das 4-Gewalten-Modell (Stand 09.09.2014), www.bpb.de/apuz/191198/parlamente-und-kuenftige-generationen-das-4-gewalten-modell?p=all. Zugegriffen: 16.09.2016

Uchatius W (2009) Wir könnten auch anders. In: DIE ZEIT Nr. 22/2009, www.zeit.de/2009/22/DOS-Wachstum. Zugegriffen: 16.09.2016

Ulmer P, Habersack M, Löbbe M (Hrsg) (2014) GmbHG, Großkommentar, Bd. 2, 2. Aufl. Mohr Siebeck, Tübingen

Ulrich A (2016,a) Deutscher Klimaschutzplan verzögert sich. Planlos nach Marrakesch. In: tagesschau.de v. 01.11.2016, www.tagesschau.de/inland/klimaschutzplan-101.html. Zugegriffen: 01.11.2016

Ulrich A (2016,b) Streit um deutschen Klimaschutzplan. Kanzleramt lässt Hendricks abblitzen. In: tagesschau.de v. 02.11.2016, www.tagesschau.de/inland/hendricks-161.html. Zugegriffen: 02.11.2016

Uken M (2013) Deutscher Atommüll, ein gutes Geschäft für Russland. www.zeit.de/wirtschaft/2013-01/atommuell-export/komplettansicht?print=true. Zugegriffen: 16.09.2016

Umweltbundesamt (Monitoringbericht 2015) Monitoringbericht zur Deutschen Anpassungsstrategie an den Klimawandel, verfasst von einer von der Bundesregierung eingesetzten „Interministeriellen Arbeitsgruppe Anpassungsstrategie". www.umweltbundesamt.de/sites/default/files/medien/376/publikationen/monitoringbericht_2015_zur_deutschen_anpassungsstrategie_an_den_klimawandel.pdf. Zugegriffen: 16.09.2016

Umweltbundesamt (Presseinformation Nr. 19/2015) Pressemitteilung von Umweltbundesamt und Bundesministerium für Umwelt, Naturschutz, Bau und Reaktorsicherheit. Folgen des Klimawandels in Deutschland deutlich spürbar. Bundesregierung legt ersten Monitoring-Bericht zu Klimawirkungen und Anpassung vor. http://www.umweltbundesamt.de/presse/presseinformationen/folgen-des-klimawandels-in-deutschland-deutlich. Zugegriffen: 16.09.2016

Unabhängige Untersuchungskommission zur transparenten Aufklärung der Vorkommnisse rund um die Hypo Group Alpe-Adria. Vgl. Bericht (2014)

van der Pot J H (1985) Die Bewertung des technischen Fortschritts: eine systematische Übersicht der Theorien. Bd. 2. van Gorcum Verlag, Assen

Vocke K, Reichl A (2009) Herdenverhalten - Lernen vom Verhalten anderer. www.mathematik.uni-muenchen.de/~spielth/artikel/Vocke_Reichl_Herden. Zugegriffen: 16.09.2016

Vogl J (2015) Der Souveränitätseffekt. Diaphanes Verlag, Zürich

von Randow G (2016) Countdown für die Hölle. Wie entscheidet ein Präsident über den Atomkrieg? In: DIE ZEIT Nr. 47/2016 v. 10.11.2016, www.zeit.de/2016/47/atomkrieg-us-praesident-entscheidung-lua. Zugegriffen: 25.11.2016

Vorländer H (2014) Grundzüge der athenischen Demokratie. Bundeszentrale für politische Bildung. www.bpb.de/izpb/175892/grundzuege-der-athenischen-demokratie?p=all. Zugegriffen: 16.09.2016

Weller M-P, Kaller L, Schulz A (2016) Haftung deutscher Unternehmen für Menschenrechtsverletzungen im Ausland. Archiv für die civilistische Praxis (AcP) Bd. 216, S. 387 ff. Mohr Siebeck, Tübingen

WELT.de (12.01.2011) Media Markt feuert Macher der Mario-Barth-Werbung.https://www.welt.de/wirtschaft/webwelt/article12110948/Media-Markt-feuert-Macher-der-Mario-Barth-Werbung.html. Zugegriffen: 01.11.2016

WELT.de (29.03.2011) So gefährlich ist das Plutonium in Fukushima. www.welt.de/gesundheit/article13002311/So-gefaehrlich-ist-das-Plutonium-in-Fukushima.html?config=print#. Zugegriffen: 16.09.2016

WELT.de (16.11.2011) Köhler bezeichnet Finanzmärkte als „Monster". www.welt.de/1993153. Zugegriffen: 16.09.2016

WELT.de (21.05.2013) Deutsche Bank: Abschied von der Eigenkapitalrendite. www.welt.de/116363219. Zugegriffen: 16.09.2016

WELT.de (08.06.2016) Eon-Aktionäre billigen Abspaltung von Altgeschäft in neue Tochter Uniper. www.welt.de/newsticker/news1/article156079370/Eon-Aktionaere-billigen-Abspaltung-von-Altgeschaeft-in-neue-Tochter-Uniper.html. Zugegriffen: 15.09.2016

WELT.de (09.11.2016) Gabriel blockiert Klimaplan und brüskiert Hendricks, www.welt.de/politik/deutschland/article159356655/Gabriel-blockiert-Klimaplan-und-brueskiert-Hendricks.html. Zugegriffen: 09.11.2016

Westermann H P (1970) Vertragsfreiheit und Typengesetzlichkeit im Recht der Personengesellschaften. Springer Verlag, Berlin

Westermann H P (2014) Mögliche Funktionen „rechtsethischer" Maßstäbe im Gesellschafts- und Unternehmensrecht. In: Habersack M, Huber K, Spindler G (Hrsg) Festschrift für Eberhard Stilz, S. 689 ff. Verlag C.H. Beck, München 2014

Wetzel D (2015) Die Mission impossible der deutschen Atompolitik. In: welt.de v. 18.05.2015, www.welt.de/wirtschaft/article141051935/Die-Mission-impossible-der-deutschen-Atompolitik.html. Zugegriffen: 16.09.2016

Wiedemann H (1968) Haftungsbeschränkung und Kapitaleinsatz in der GmbH in: Die Haftung des Gesellschafters in der GmbH, Arbeiten zur Rechtsvergleichung Bd. 36, S. 49. Metzner, Frankfurt a. M. (u. a.)

Wiebe F, Tyborski R (2016) Großbanken nur noch zweitklassig. www.handelsblatt.com/finanzen/maerkte/aktien/deutsche-bank-und-credit-suisse-grossbanken-nur-noch-zweit-klassig/v_detail_tab_print/13982896.html. Zugegriffen: 16.09.2016

Wolf E (1957) Recht des Nächsten. in: Tellenbach G, Rösiger H D (Hrsg) (1957) Die Albert-Ludwigs-Universität Freiburg 1457-1957. Schulz, Freiburg (i. Br.), S. 43 ff.

Wolf E (1966) Recht des Nächsten. Ein rechtstheologischer Entwurf, Philosophische Abhandlungen Bd. 15, 2. Aufl. Klostermann Verlag, Frankfurt am Main

Wolf W (2016) Zur Krise der Deutschen Bank. www.sozialismus.info/2016/10/zur-krise-der-deutschen-bank/. Zugegriffen: 13.10.2016

Zahn M (2016) Kommentar zum Klimaplan. Weichgespült und wertlos. In: tagesschau.de v. 02.11.2016, www.tagesschau.de/kommentar/klimaplan-kommentar-101.html. Zugegriffen: 02.11.2016.

ZDF.de (11.01.2015) Klima macht Geschichte 1/2. https://www.zdf.de/dokumentation/terra-x/klima-macht-geschichte-vom-neandertaler-bis-zum-alten-rom-100.html. Zugegriffen: 16.09.2016.

ZDF.de (29.06.2016) Klima macht Geschichte 2/2. www.zdf.de/terra-x/klima-macht-geschichte-vom-roemischen-reich-bis-zum-klimawandel-heute-36558246.html. Zugegriffen: 16.09.2016.

ZEIT-ONLINE (07.02.2008) Die Kleinsten, die Ältesten, die Verschwundenen. http://www.zeit.de/2008/07/Die_Kleinsten_die_Aeltesten_die. Zugegriffen 19.09.2016.

ZEIT-ONLINE (30.06.2011) Historischer Beschluss: Atomausstieg 2022 perfekt In: www.zeit.de/news-062011/30/HAUPTSTORY-ATOMAUSSTIEG-DONNERS-TAG31168402xml/komplettansicht. Zugegriffen: 16.09.2016

ZEIT-ONLINE (20.08.2014) Stark verrostete Fässer im AKW Brunsbüttel entdeckt. www.zeit.de/wissen/umwelt/2014-08/atomkraft-atommuell-brunsbuettel-rostige-faesser/komplettansicht. Zugegriffen: 16.09.2016

ZEIT-ONLINE/dpa/AFP/Reuters (13.12.2015) Umweltschutz: "EU wird zum Totengräber des 1,5-Grad-Zieles". www.zeit.de/wirtschaft/2015-12/umweltschutz-klimagipfel-vertrag-reaktionen-fossile-brennstoffe-erneuerbare-energien. Zugegriffen: 16.09.2016

ZEIT-ONLINE (24.03.2015) War der Absturz vermeidbar? www.zeit.de/wissen/2015-03/airbus-a320-germanwings-absturz-frankreich-faq/komplettansicht.

ZEIT-ONLINE (02.06.2016) Zeitplan zur Endlagerung laut Kommission unrealistisch. http://pdf.zeit.de/wirtschaft/2016-06/atommuell-endlager-kommission-zeitbedarf.pdf. Zugegriffen: 16.09.2016

ZInsO-Dokumentation (2016) Entwurf des BMJV eines Änderungsvorschlags zur Neufassung des § 104 InsO, Zeitschrift für das gesamte Insolvenzrecht (ZInsO) S. 1627 ff.

Zoll P (2016) Marktlücke Atomendlager: Südaustralien könnte globalen Atommüll lagern. www.nzz.ch/wirtschaft/wirtschaftspolitik/marktluecke-atomendlager-1.18699530. Zugegriffen: 16.09.2016